教育部现代学徒制试点项目成果/黑龙江省高水平专业建设项目成果
高端技术技能型人才培养规划教材

普通机械加工

PUTONG JIXIE JIAGONG

主　编　李子峰　周延昌
副主编　鄂　蕊　任利群　孙中国
主　审　周　全

哈爾濱工業大學出版社
HARBIN INSTITUTE OF TECHNOLOGY PRESS

内 容 简 介

本书遵循以工作过程为导向的教学思想，根据高职院校机械制造类专业教学计划和教学大纲设计教学项目。教学项目内容按照车、铣两个工种由简单到复杂设计了6个任务：定位销的加工、顶尖的加工、千斤顶的加工、压板的加工、连接叉的加工和花兰螺母的加工。

本书可作为高等职业教育和中等职业教育的模具、机械、数控等机械制造类各专业的“理实一体化”教学模式的教学用书，也可作为从事机械制造行业的工程技术人员和技术工人的参考书及培训用书。

图书在版编目(CIP)数据

普通机械加工/李子峰，周延昌主编. —哈尔滨：哈尔滨工业大学出版社，2019.6(2025.1重印)
ISBN 978-7-5603-8122-0

Ⅰ.①普… Ⅱ.①李… ②周… Ⅲ.①金属切削-高等职业教育-教材 Ⅳ.①TG506

中国版本图书馆CIP数据核字(2019)第069624号

责任编辑　张　荣
出版发行　哈尔滨工业大学出版社
社　　址　哈尔滨市南岗区复华四道街10号　邮编150006
传　　真　0451-86414749
网　　址　http://hitpress.hit.edu.cn
印　　刷　黑龙江艺德印刷有限责任公司
开　　本　787mm×1092mm　1/16　印张9.5　字数220千字
版　　次　2019年6月第1版　2025年1月第2次印刷
书　　号　ISBN 978-7-5603-8122-0
定　　价　32.00元

前　言

“普通机械加工”是黑龙江职业学院机械制造与自动化专业现代学徒制改革试点项目中课程改革的一项成果，该课程将原有的“金属切削原理与刀具”“金属切削机床”和“机械制造工艺”等理论课程的内容进行了整合，并以典型工作任务为载体，将机床、刀具和加工工艺等理论知识与实操技能融为一体。

本书在编写过程中，参考了学徒制合作企业对制造岗位员工的基础知识与技能的要求，并部分引入了企业生产的典型零件作为本书的案例。

全书采用工作过程模式进行项目设计，用真实的机械零件作为教学载体，以职业岗位标准为教学依据。教学项目内容按照车、铣两个工种由简单到复杂设计了6个任务：定位销的加工、顶尖的加工、千斤顶的加工、压板的加工、连接叉的加工和花兰螺母的加工。每个学习任务均包含学习目标、项目分析、知识与技能、工艺路线分析、知识拓展和测试题六部分。

本书为校企合作编写教材，由黑龙江职业学院李子峰、周延昌、鄂蕊、任立群及哈尔滨东安实业发展有限公司孙中国等同志共同编写。李子峰、孙中国编写任务一、二、三，鄂蕊、任利群编写任务四，周延昌编写任务五、六。全书由中船重工703所广翰动力公司周全工程师主审、李子峰副教授统稿。

由于时间仓促，加之水平有限，书中难免有疏漏和不妥之处，恳请读者和专家批评指正。

编　者

2019年2月

目　录

学习项目一　车削的加工任务

学习项目二　铣削的加工任务

学习项目一　车削的加工任务

任务一　定位销的加工

任　务　单

学习领域	普通机械加工——车削加工
任务描述	定位销的加工(图 1.1)
学习目标	1. 了解车工的安全生产 2. 熟悉 CA 6140 机床的结构与功能 3. 掌握车削加工中的参数及选择 4. 掌握外圆车刀、切断刀的几何角度 5. 掌握车外圆、端面、槽的加工工艺 6. 熟悉积屑瘤的作用以及粗、精加工切削参数的选择原则
项目分析	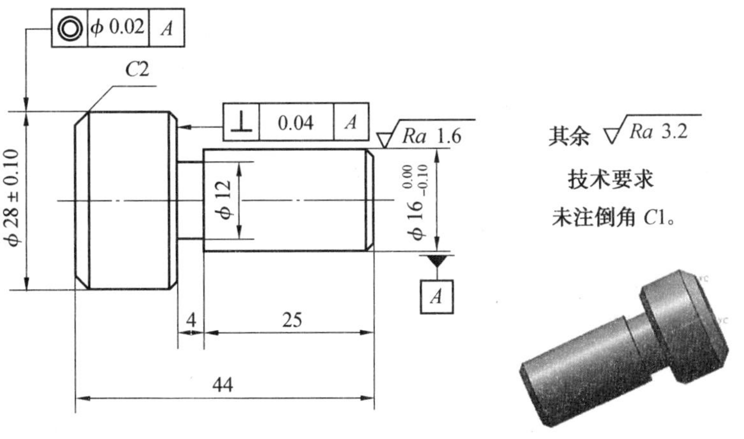 其余 $\sqrt{Ra\ 3.2}$ 技术要求 未注倒角 C1。 图 1.1　定位销加工图样
图样分析	在车床上进行单件加工如图 1.1 所示的定位销,定位销大端与小端同轴度误差小于 ϕ 0.02 mm,阶台端面与 ϕ 16 mm 外圆柱轴线垂直度误差小于 0.04 mm,ϕ 16 mm 外圆柱表面粗糙度为 Ra 1.6 μm
毛坯准备	采用棒料毛坯,尺寸为 ϕ 30 mm × 55 mm,毛坯材料为 45 号钢,退火状态

知识链接

Ⅰ.知识与技能

一、车工的安全生产

(1) 工作时应穿工作服。女同志应佩戴工作帽,将长发塞入帽子里。夏季禁止穿裙子、短裤和凉鞋上机操作。

(2) 工作时,头不能离工件太近,以防切屑飞入眼中。同时,为防切屑崩碎飞散,应佩戴防护眼镜。

(3) 工件和车刀必须装夹牢固,以防会飞出伤人。卡盘必须装有保险装置。装夹好工件后,卡盘扳手必须随即从卡盘上取下以防转动时甩飞伤人。

(4) 凡装卸工件、更换刀具、测量加工表面及变换速度时,必须先停车再操作。车床运转时,不得用手去触摸工件表面,不准用手直接去刹住转动着的卡盘。严禁用棉纱擦抹正在转动的工件。

(5) 应使用专用铁钩清除切屑,不允许用手直接清除。在车床上操作不准佩戴手套。

(6) 毛坯棒料从主轴孔尾端伸出不能太长,并应使用料架或挡板,防止车削时甩弯后伤人。

(7) 不要随意拆装电气设备,以免发生触电事故。工作中若发现机床、电器设备有故障,应及时申报,并由专业人员检修,未修复的设备不得使用。

二、CA 6140 型车床的结构、传动系统及功能

1. CA 6140 型车床(lathe)的结构

CA 6140 型车床是我国自行研制的卧式车床,由床身、主轴箱、交换齿轮箱、进给箱、溜板箱、刀架及尾座等部分组成,如图 1.2 所示。

(1) 刀架:刀架由两层滑板(中、小滑板)、床鞍与刀架体共同组成,用于安装车刀并带动车刀做纵向、横向或斜向运动。

(2) 主轴箱:主轴箱支承并传动主轴,带动工件做旋转主运动。箱内装有齿轮、轴等,组成变速传动机构,变换主轴箱的手柄位置,可使主轴得到多种转速。

(3) 交换齿轮箱:交换齿轮箱把主轴箱的转动传递给进给箱。更换箱内齿轮,配合进给箱及丝杠,可以车削不同螺距的螺纹,并满足车削时对工件进行不同纵、横向进给量的需求。

(4) 进给箱:进给箱是进给传动系统的变速机构。它把交换齿轮箱传递过来的运动经过变速后传递给丝杠,以实现车削各种螺纹;传递给光杠,以实现机动进给。

(5) 溜板箱:溜板箱接受光杠或丝杠传递的运动,以驱动床鞍和中、小滑板及刀架实

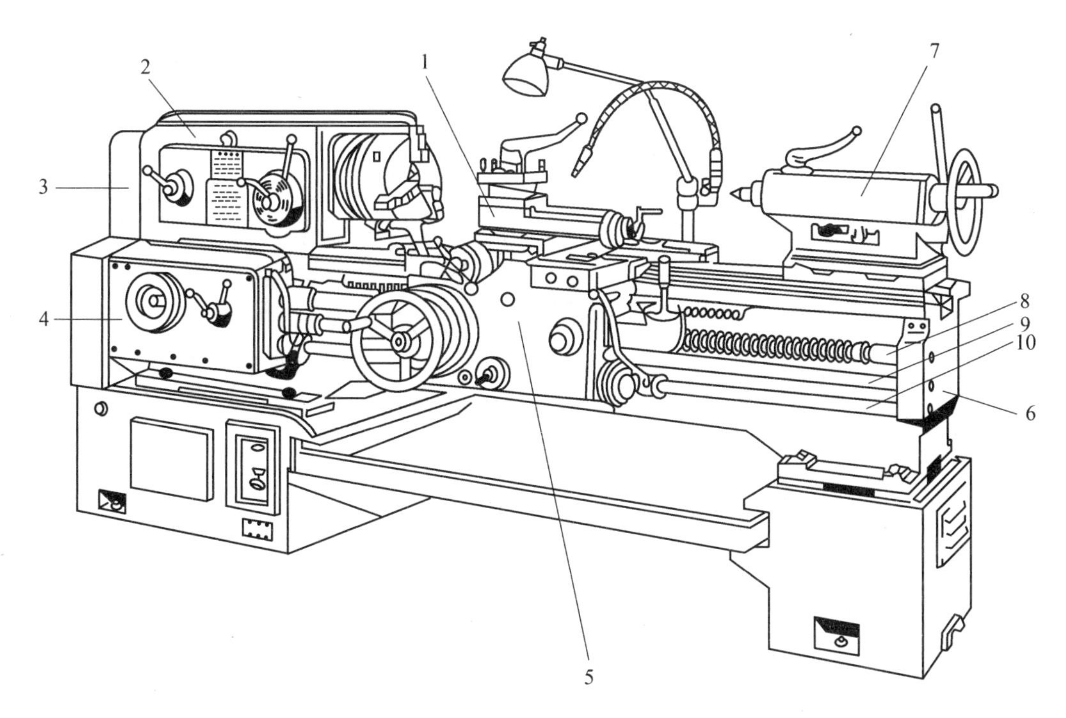

1— 刀架;2— 主轴箱;3— 交换齿轮箱;4— 进给箱;5— 溜板箱;6— 床身;7— 尾座;
8— 丝杠;9— 光杠;10— 工作杠

图 1.2　CA 6140 型车床的结构

现车刀的纵向、横向进给运动。其上还装有一些手柄及按钮,可以很方便地操纵车床来选择如机动、手动、车螺纹及快速移动等运动方式。

(6) 床身:用于连接和支承车床的各个部件,床身上表面有导轨,用来引导床鞍和尾座的移动,床身一般由铸铁铸造而成。

(7) 尾座:尾座安装在床身导轨上,并沿此导轨纵向移动,以调整其工作位置。尾座主要用来安装后顶尖,以支承较长工件,也可安装钻头、铰刀等进行孔加工。

2. CA 6140 型车床的传动系统

CA 6140 型车床是国内最为通用的一款普通卧式车床,以其为例介绍车床的传动系统。

车床完成车削加工的过程,必须有主运动和进给运动的相互配合。如图 1.3 所示,主运动通过电动机 1 驱动皮带 2,把运动输入到主轴箱 4。通过主轴箱中的变速机构 5 变速,使主轴得到不同的转速。再经卡盘 6(或夹具) 带动工件旋转。

进给运动则是由主轴箱把旋转运动输出到交换齿轮箱 3,再通过进给箱 13 变速后由丝杠 11 或光杠 12 驱动溜板箱 9、床鞍 10、滑板 8、刀架 7,从而控制车刀的运动轨迹完成车削各种表面的工作。

3. CA 6140 型车床的功能

在车床上使用的刀具主要有各种车刀、钻头、铰刀和丝锥等。车床主要用来加工各类回转表面,如钻孔、内外圆柱面、内外圆锥面、端面、内外沟槽、内外螺纹、成型面和滚

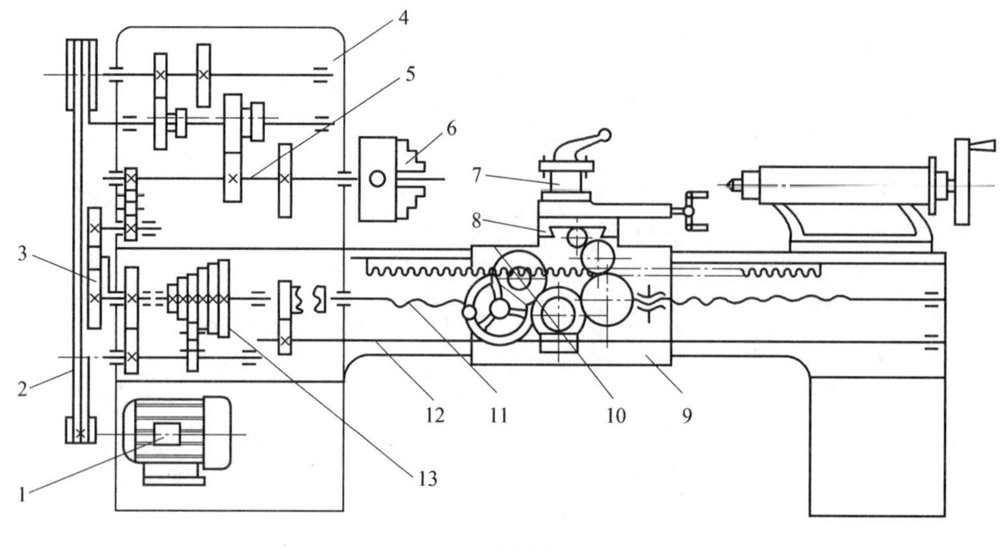

(a) 示意图

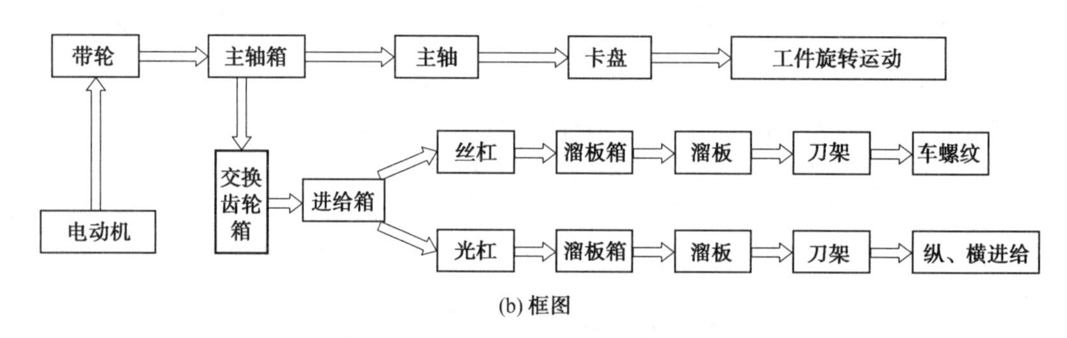

(b) 框图

图 1.3　CA 6140 型车床的传动图

1— 电动机;2— 皮带;3— 交换齿轮箱;4— 主轴箱;5— 变速机构;6— 卡盘;
7— 刀架;8— 滑板;9— 溜板箱;10— 床鞍;11— 丝杠;12— 光杠;13— 进给箱

花等。

三、车削加工中的参数及选择

1. 切削参数

（1）主运动:直接切削工件上的切削层,并使之成为切屑以形成工件新表面的运动。主运动的特点是速度较高,消耗功率较大。车削中工件的旋转就是主运动,如图 1.4(a)所示。

（2）进给运动:使工件上多余的材料不断被去除的运动。车削中车刀相对工件的运动就是进给运动,进给运动又分为横向进给运动(图 1.4(b))和纵向进给运动(图 1.4(c))。

（3）切削深度 a_p:车削中已加工表面与待加工表面之间的垂直距离,如图 1.5 所示。

$$a_p = \frac{d_w - d_m}{2}$$

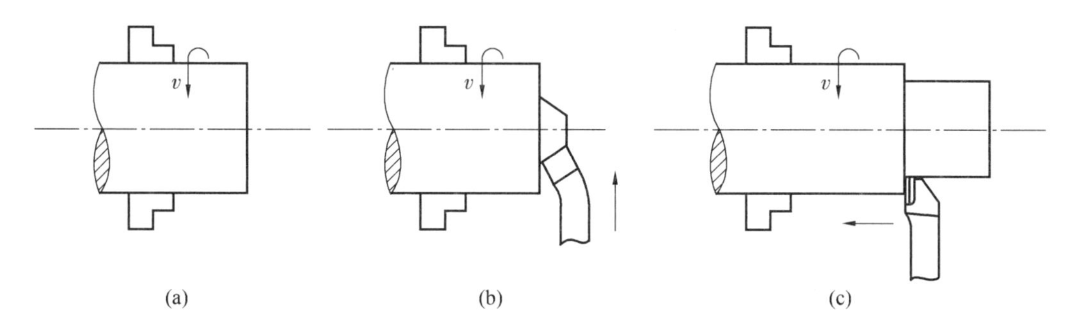

图 1.4　车削中的主运动与进给运动

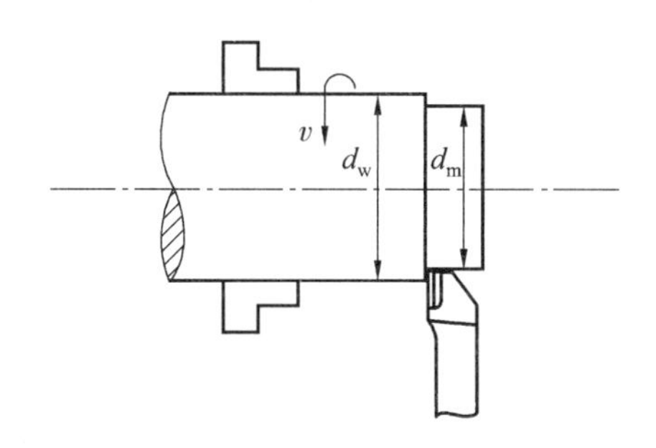

图 1.5　车削中的切削深度

式中　d_w—— 待加工表面直径,mm;

　　　d_m—— 已加工表面直径, mm。

(4) 进给量f:工件转一圈,车刀沿进给方向移动的距离,其单位为 mm/r。

(5) 切削速度 v_c:切削刃选定点相对于工件的主运动的瞬时速度,是衡量主运动大小的参数,其单位为 m/min。

$$v_c = \frac{\pi d_w n}{1\ 000}$$

式中　n—— 车床主轴转速,单位为 r/min;

　　　d_w—— 工件待加工表面直径,单位为 mm。

注意:思考 v_c 公式的推导过程。

实际生产中,多数情况是已知工件的直径,根据经验或查表选择切削速度,再根据切削速度计算出车床的主轴转速 n,然后调整机床进行加工。所以,切削速度公式可以改写成转速公式。即

$$n = \frac{1\ 000\ v_c}{\pi d}$$

2. 切削用量的选择

(1) 粗车时切削用量的选择:先选择较大的切削深度,其次选择较大的进给量,最后在保证刀具寿命的前提下选择合理的切削速度。

(2) 精车时切削用量的选择:精车时的加工余量较小,一般在一次进给过程中切除。精车时首先选择较小的进给量,再根据刀具材料选择合理的切削速度。

高速钢车刀选择较低的切削速度(v_c < 5 m/min),硬质合金车刀可选择较高的切削速度(v_c > 80 m/min)。

四、外圆车刀与切断刀的几何形状

1. 外圆车刀结构

(1) 外圆车刀的结构。

外圆车刀是最基本的车削刀具,在车削加工中应用最广。其切削部分可以概况为“三面两刃一刀尖”:前刀面、主后刀面、副后刀面、主切削刃、副切削刃、刀尖。其组成部分如图 1.6 所示。

(2) 确定外圆车刀几何角度的辅助平面。

外圆车刀几何角度的辅助平面如图 1.7 所示,具体如下。

① 基面 P_r:过车刀主切削刃上的某一选定点,并与该点切削速度方向垂直的平面。车刀的基面都平行于它的底面。

② 切削平面 P_s:过切削刃某选定点与主切削刃相切并垂直于基面的平面。

③ 截面 P_o:过切削刃某选定点同时垂直于基面和切削平面的平面。截面分为主截面和副截面,过车刀主切削刃某选定点的是主截面,过车刀副切削刃某选定点的是副截面。

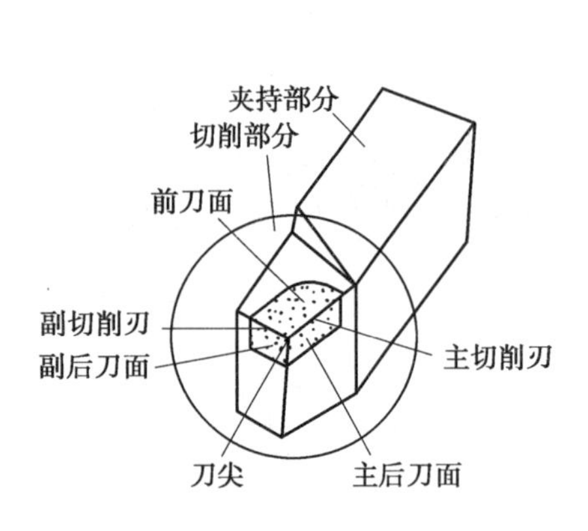

图 1.6　外圆车刀的结构

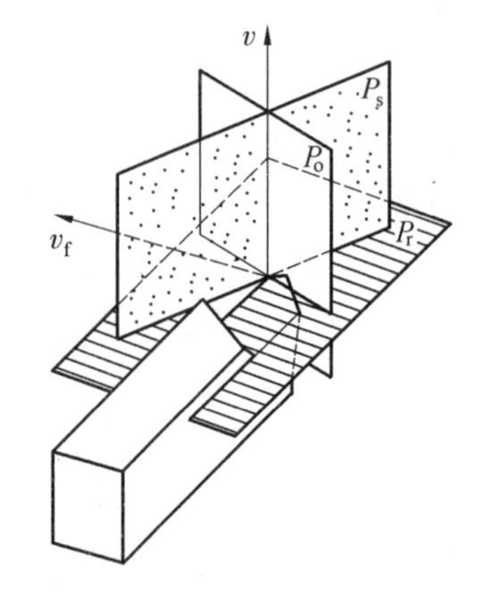

图 1.7　外圆车刀几何角度的辅助平面

(3) 外圆车刀的几何角度。

外圆车刀的几何角度标注如图 1.8 所示。

① 在主截面内测量的角度有:

前角(γ_o)—— 基面与前刀面的夹角。在主截面中,当前刀面与切削平面之间的夹角小于 90° 时,前角为正;大于 90° 则为负。前角增大可以使车刀刃口锋利,减少切削变形;负前角可以增加切削刃的强度。

后角(α_o)—— 后刀面与主切削平面的夹角。在主截面测量的是主后角,在副截面内测量的是副后角。当后刀面与基面之间的夹角小于 90° 时,后角为正;大于 90° 则为负。后角减小可以减少车刀后刀面与工件的摩擦,增大后角也会使车刀刃口锋利。

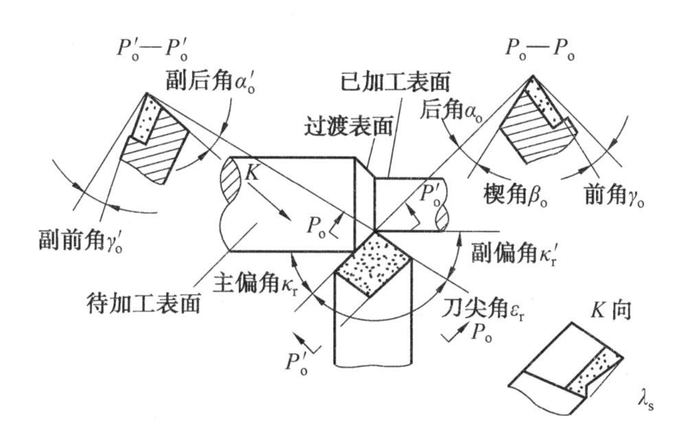

图 1.8　外圆车刀的几何角度标注

② 在基面内测量的角度有：

主偏角(κ_r)—— 主切削刃与刀具进给方向之间的夹角。主偏角主要影响车刀的散热情况以及切削力的大小和方向。

副偏角(κ'_r)—— 副切削刃与刀具进给反方向之间的夹角。副偏角主要减少副切削刃与工件已加工表面的摩擦,影响工件的表面加工质量和车刀的强度。

③ 在切削平面内测量的角度有：

刃倾角(λ_s)—— 主切削刃与基面之间的夹角。刃倾角可以控制切屑的流向。当主切削刃和基面平行时,刃倾角为零度,切削时,切屑朝垂直于主切削刃方向排出;当刀尖位于主切削刃最高点时,刃倾角为正值,切屑朝待加工方向排出,工件表面粗糙度较好,但刀尖强度低;当刀尖位于主切削刃最低点时,刃倾角为负值,切屑朝已加工方向排出,易擦伤工件表面,但刀尖强度高。

刃倾角与前角的区别：

a. 刃倾角是在切削平面 P_s 上的投影;前角是在主截面 P_o 上的投影。

b. 当刃倾角为零时,前角不一定为零;当前角为零时,刃倾角一定为零。

2. 切断刀的结构

切断刀前端的切削刃为主切削刃,两侧的切削刃为副切削刃,如图 1.9 所示。一般切断刀的主切削刃较窄,刀体较长,刀体的强度较低。

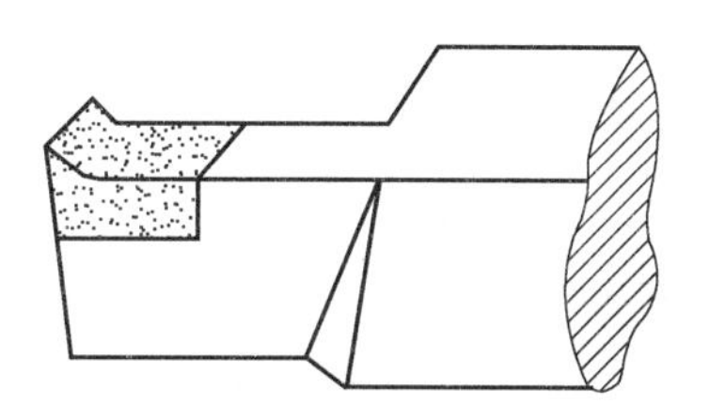

图 1.9　切断刀的结构

五、车外圆、端面、倒角、槽和切断的加工工艺

1. 车外圆的加工工艺

（1）对刀：启动车床使工件旋转。左手摇动床鞍手轮，右手摇动中滑板手柄，使车刀刀尖靠近并轻轻地接触工件待加工表面，以此作为确定切削深度的零点位置。反向摇动床鞍手轮（中滑板手柄不动），使车刀向右离开工件3 ~ 5 mm。

（2）试切：摇动中滑板手柄，使车刀横向进给，其进给量为切削深度。车刀进刀后做纵向移动2 mm左右时，纵向快退，停车测量。如尺寸符合要求，就可继续切削；如尺寸还大，可加大切削深度；若尺寸过小，则应减小切削深度。

（3）手动或机动进给车削：通过试切削调整好切削深度便可正常车削加工。此时，可选择机动或手动纵向进给。当车削到所需部位时，退出车刀，停车测量。如此多次进给，直到被加工表面达到加工要求为止。具体加工工艺如图1.10所示。

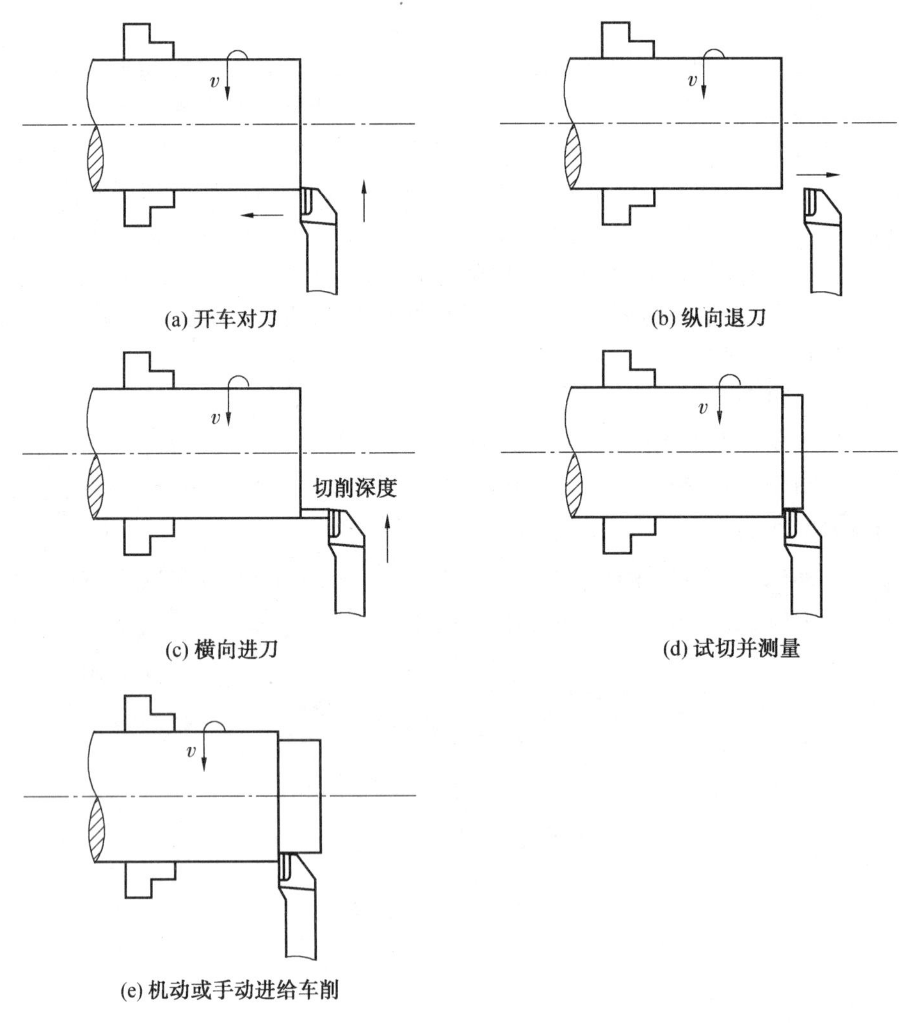

图1.10　车外圆的加工工艺

2. 车端面的加工工艺

如图 1.10 所示，开动机床使工件旋转，移动小滑板或床鞍，如果选择 45° 外圆车刀车削端面，可以摇动中滑板手柄做横向进给，由工件外缘向中心车削，如图 1.11(a) 所示；如果选用 90° 外圆车刀车削端面，可以将车刀按主偏角为 93° 左右安装，由工件中心向外缘车削，如图 1.11(b) 所示。

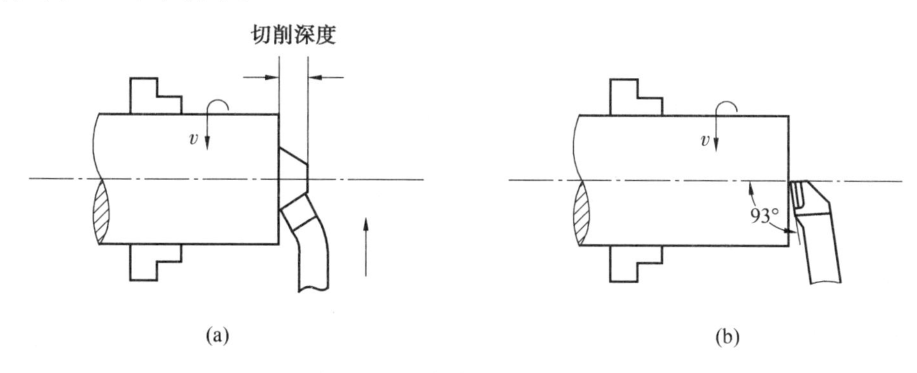

图 1.11　车端面的加工工艺

这里应该注意如果选用 90° 外圆车刀由工件外缘向中心进给车削，车刀的副切削刃将代替主切削刃进行切削，切削深度一定要小，这种切削方式往往在数控车削加工中使用。

3. 车倒角的加工工艺

当外圆、平面加工完成后，可以使用 45° 车刀进行倒角，如图 1.12(a) 所示；如果采用 90° 外圆车刀，需要将刀架转过 45° 再进行车削，如图 1.12(b) 所示。同时也要注意是否会产生刀具干涉问题。

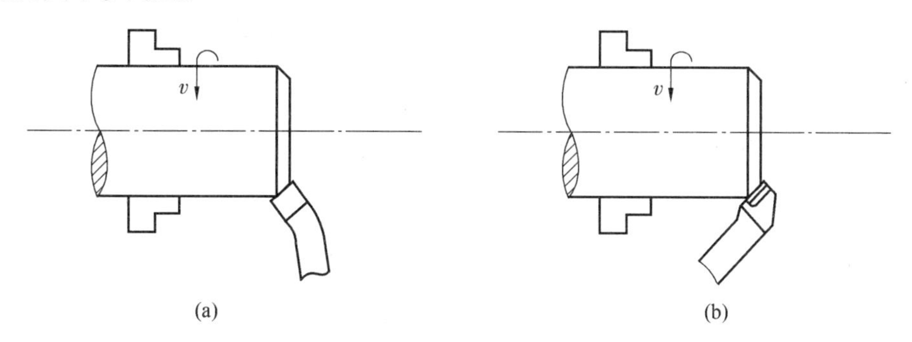

图 1.12　车倒角的加工工艺

4. 车槽的加工工艺

(1) 车削精度不高或宽度较窄的沟槽时，可用刀宽等于槽宽的车槽刀，采用直进法一次车出。

(2) 有精度要求的沟槽，一般采用两次直进法车出，如图 1.13(a) 所示。第一次车槽时，槽壁两侧留精车余量，然后根据槽深、槽宽进行精车。

(3) 车削较宽的沟槽时，可用多次直进法车出，如图 1.13(b) 所示，并在槽壁两侧留一定精车余量，再根据槽深、槽宽进行精车。

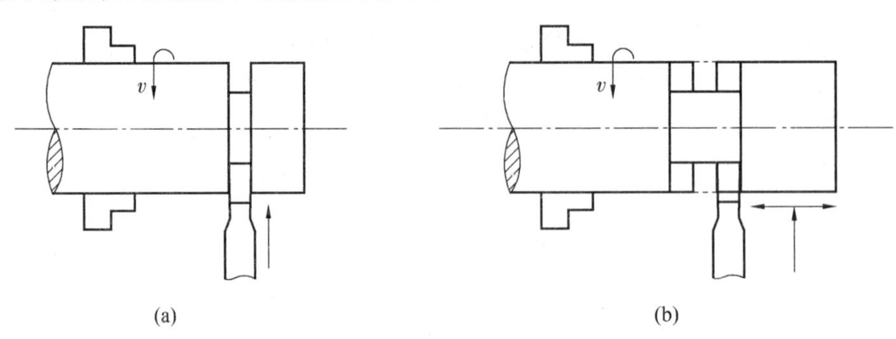

图 1. 13　车槽的加工工艺

5. 切断的加工工艺

由于切断刀的刀体强度较差，应选择较小的切削用量。一般采用高速钢车刀切断时进给量 f 为 0. 05 ~ 0. 1 mm/r，切削速度 v_c 为 30 ~ 40 m/min；采用硬质合金车刀切断时进给量 f 为 0. 1 ~ 0. 2 mm/r，切削速度 v_c 为 80 ~ 120 m/min。

切断的方法一般有两种，直接进刀切断法和左右借刀切断法。直接进刀切断法是指垂直于工件轴线方向进行切断，如图 1. 14(a) 所示，其效率较高，但对车刀的刃磨角度以及安装的要求较高，易造成刀头折断。左右借刀切断法指切断刀在轴线方向上往复移动，并在两侧径向进刀，如图 1. 14(b) 所示。左右借刀切断法常在切削系统(刀具、工件、车床) 刚性不足的情况下采用。

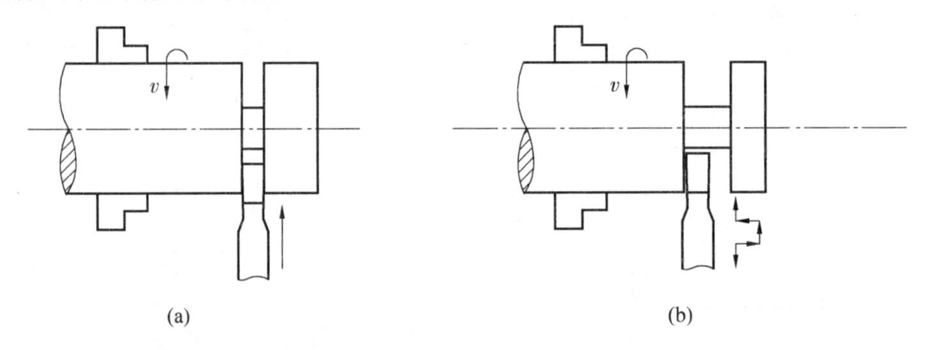

图 1. 14　切断的加工工艺

六、积屑瘤的概念及其对粗、精加工的影响

1. 积屑瘤的概念

在金属切削过程中，常常有一些从切屑和工件上下来的金属冷焊并层积在前刀面上，形成一个非常坚硬的金属堆积物，其硬度是工件材料硬度的 2 ~ 3 倍，能够代替刀刃进行切削，并且以一定的频率生长和脱落。这种堆积物称为积屑瘤，如图 1. 15 所示。

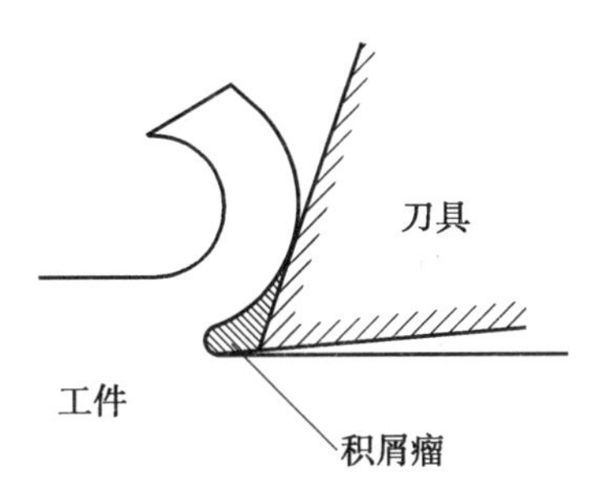

图 1.15　切削过程中的积屑瘤

2. 积屑瘤对粗、精加工的影响

积屑瘤对车削加工的影响较大，有利有弊。粗车时，积屑瘤可以代替刀尖进行车削，减少刀具的磨损；精车时，对表面粗糙度要求高，而积屑瘤在已加工表面上切出犁沟，使加工表面粗糙度降低。要想尽量避免积屑瘤的产生，就要在低速(5 m/min 以下）或高速(70 m/min 以上）状态下进行车削，这就是为什么使用高速钢车刀进行精加工时速度选择的很低，而选用硬质合金车刀精加工时速度选择的比较高的原因之一。

Ⅱ. 工艺路线分析

1. 加工用刀刀具与切削用量的选择

定位销加工选择的刀具主要有外圆车刀和切断刀，具体选择见表 1.1。

表 1.1　定位销加工刀具

序　号	刀具规格	
	类 型	材 料
1	45° 外圆车刀	硬质合金
2	90° 外圆车刀	硬质合金
3	切断刀(刀宽 4 mm)	硬质合金

定位销粗加工和精加工的切削用量见表 1.2。

表 1.2　定位销加工切削用量选择

序号	加工内容	切削深度 a_p/mm	进给量 f/(mm·r^{-1})	转速 n/(r·min^{-1})
1	平端面	0.3	—	450
2	粗车外圆	2	0.3	450
3	精车外圆	0.2	0.15	800
4	车槽	4	—	400
5	切断	4	—	400

2. 加工工艺规程的制定

定位销的加工工艺规程见表 1.3。

表 1.3 定位销的加工工艺规程

<table>
<tr><td colspan="2">零件名称</td><td>材料</td><td>数量</td><td colspan="2">毛坯种类</td><td>毛坯尺寸</td></tr>
<tr><td colspan="2">定位销</td><td>45 钢</td><td>1</td><td colspan="2">圆钢</td><td>ϕ 30 mm × 80 mm</td></tr>
<tr><td>工序</td><td>设备</td><td colspan="2">装夹方式</td><td colspan="3">加工内容</td></tr>
<tr><td rowspan="9">1</td><td rowspan="9">CA 6140</td><td colspan="2" rowspan="9">三爪自定心卡盘</td><td>车端面</td><td colspan="2">使用 45° 外圆车刀平端面</td></tr>
<tr><td>粗车外圆</td><td colspan="2">使用 90° 外圆车刀粗车 ϕ 28 mm 外圆</td></tr>
<tr><td>粗车外圆</td><td colspan="2">使用 90° 外圆车刀粗车 ϕ 16 mm 外圆</td></tr>
<tr><td>精车外圆</td><td colspan="2">使用 90° 外圆车刀精车外圆</td></tr>
<tr><td>倒角</td><td colspan="2">使用 45° 外圆车刀倒角</td></tr>
<tr><td>车槽</td><td colspan="2">使用切断刀车槽宽为 4 mm 的槽</td></tr>
<tr><td>切断</td><td colspan="2">使用切断刀切断</td></tr>
<tr><td>掉头车端面</td><td colspan="2">使用 45° 外圆车刀平端面,控制总长 44 mm</td></tr>
<tr><td>倒角</td><td colspan="2">使用 45° 外圆车刀倒角</td></tr>
</table>

Ⅲ. 知识拓展

一、车床的种类和型号

1. 车床的种类

古代的车床是靠手拉或脚踏,通过绳索使工件旋转,并手持刀具而进行切削加工的。1797 年,英国机械发明家莫兹利发明了第一台现代车床。在金属切削机床中,车床所占的比例为机床总量的 30 %。车床按用途和结构不同主要分为卧式车床和立式车床,如图 1.16 所示,除此之外还有转塔车床、仿形车床、半自动车床和自动车床等。

2. 车床的型号

以 CA 6140 型车床为例,其中 C 为机床分类号,表示车床;6 为组代号,表示落地及卧式车床组;1 为系代号,表示卧式车床系;40 为机床主参数,位于系代号之后,常用折算值表示,CA 6140 型车床的主参数表示床身上最大回转直径为 400 mm。

(a) 卧式车床

(b) 立式车床

图 1.16　车床的种类

二、车刀的种类和刀具材料

1. 车刀的种类

车刀的种类主要有外圆车刀(45° 直头车刀、45° 弯头车刀及 90° 偏刀等)、端面车刀、切断刀、内孔车刀、螺纹车刀、成形刀和宽刃光刀等,具体如图 1.17 所示。

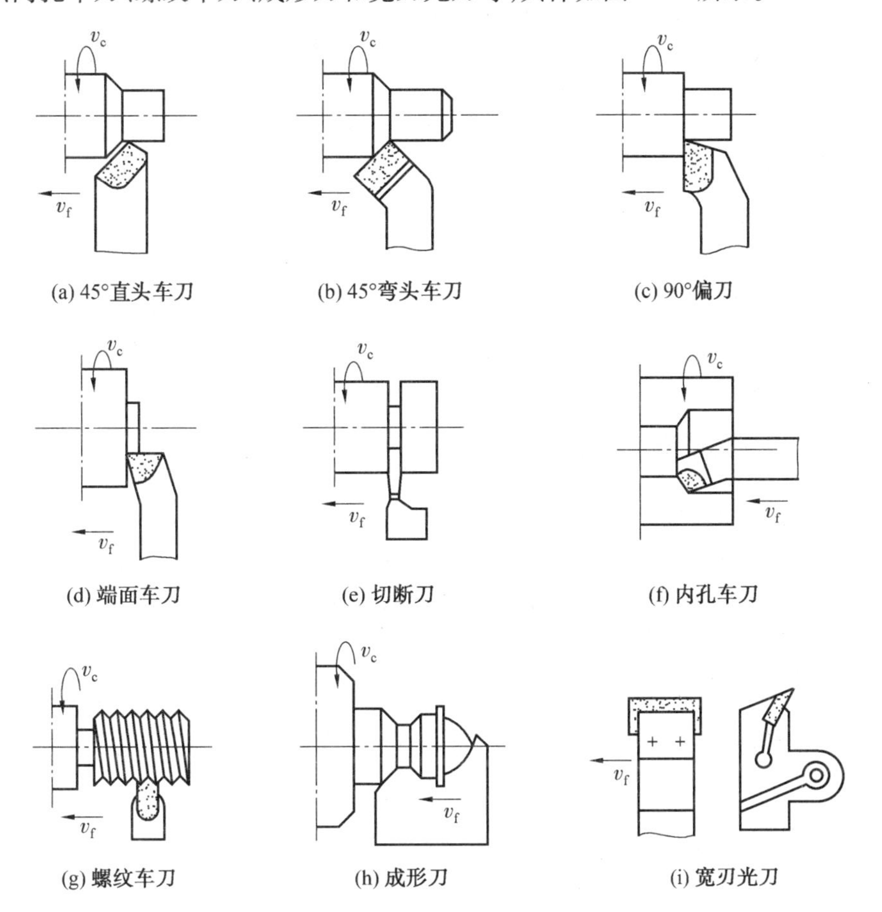

(a) 45°直头车刀　(b) 45°弯头车刀　(c) 90°偏刀

(d) 端面车刀　(e) 切断刀　(f) 内孔车刀

(g) 螺纹车刀　(h) 成形刀　(i) 宽刃光刀

图 1.17　车刀的种类

2. 车刀的刀具材料

（1）高速钢刀具：具有很高的强度和韧性，常温硬度为 HRC63 ～ 67，且有较好的耐热性，热硬性温度为 550 ～ 600℃。常用于制造各种复杂型刀具，如钻头、丝锥、拉刀、成形刀具、齿轮刀具等。高速钢刀具可以加工从有色金属到高温合金的各种材料。

常用的种类有：普通高速钢、高性能高速钢、粉末冶金高速钢。

（2）硬质合金刀具：硬质合金是金属切削加工最主要的刀具材料之一。其硬度、耐磨性均好于高速钢，它能加工高速钢无法加工的难切削材料，且允许切削温度高达 800 ～ 1 000℃。但其脆性大，抗弯强度和抗冲击韧性不强，抗弯强度只有高速钢的 1/3 ～1/2，冲击韧性只有高速钢的 1/4 ～ 1/35。

常用的种类有：钨钴类硬质合金（YG）、钨钛钴类硬质合金（YT）、钨钛钽／铌类硬质合金（YW）。分别相当于 ISO 标准的 K、P 、M 类。

（3）陶瓷刀具：主要有氧化铝（Al_2O_3）和氮化硅（Si_3N_4）两种。使用氧化铝或氮化硅粉末加少量黏接剂在高温下烧结而成，其硬度、耐磨性和耐热性均比硬质合金高。但陶瓷刀具的缺点是强度低、韧性差，使用时易崩刃。

（4）涂层刀具：涂层刀具是在一些韧性较好的硬质合金或高速钢刀具的基体上，涂覆一层耐磨性高的难熔化金属化合物而获得的。常用的涂层材料有 TiC、TiN 和 Al_2O_3 等，这样可大大提高刀具的切削速度。但是涂层刀具不适宜加工高温合金、钛合金及非金属材料，也不适宜粗加工有夹砂、硬皮的锻铸件。

（5）金刚石刀具：金刚石刀具具有极高的耐磨性，能长期保持切削刃的锋利性，因而在精密加工中常采用金刚石刀具。但金刚石刀具比较脆，热稳定性低，切削温度在 700 ～ 800 ℃ 时，其表面就会碳化，而且与碳亲和力强，不适宜加工铁系金属。

（6）立方氮化硼刀具：以立方氮化硼为原料，用合成金刚石的方法，在高温、高压下制成的一种无机超硬材料，单晶硬度为 HV8 000 ～ 9 000，仅次于金刚石。主要用于加工高硬度淬火钢、冷硬铸铁和高温合金材料。立方氮化硼刀具不宜加工塑性大的钢件和镍基合金，也不适合加工铝合金和铜合金。加工时通常采用负前角切削，以提高其强度。

三、工件在车床上的安装方法

1. 在三爪卡盘上安装

三爪自定心卡盘的三个卡爪是同时运动的，能自动定心，所以工件安装后一般不需要找正。但在装夹轴向尺寸较小的工件时，因夹持尺寸较小，需要找正。

2. 在四爪卡盘上安装

四爪单动卡盘的四个卡爪是各自独立运动的。因此在安装工件时，必须将工件的旋转中心找正到与车床主轴旋转中心重合后才能进行车削加工。四爪单动卡盘找正比较费时，但夹紧力较大，所以适用于装夹大型或形状不规则的工件。

3. 在两顶尖之间安装

对于较长或必须经过多道工序才能完成的轴类工件，为保证每次安装时的精度可用两顶尖装夹。两顶尖装夹工件方便，不需找正，而且定位精度高，但装夹前必须在工件的两端面加工出合适的中心孔。

4. 一端顶一端夹安装

用两顶尖装夹车削轴类零件，其刚性较差，尤其对粗大笨重工件安装时的稳定性较差，切削用量的选择受到限制。这时可以选择一夹一顶安装工件，通常选用一端用卡盘夹住、另一端用顶尖支撑来安装工件。

四、车床的保养

1. 车床的日常保养

为了保证车床的加工精度、延长其使用寿命、保证加工质量、提高生产效率，车工除了能熟练地操作机床外，还必须学会对车床进行合理的维护、保养。

车床的日常维护、保养要求如下：

(1) 每天工作后，切断电源，对车床各表面、各罩壳、导轨面、丝杠、光杠、各操纵手柄和操纵杆进行擦拭，做到无污染、无铁屑，车床外表保持清洁。

(2) 每周要求保养床身导轨面和中、小滑板导轨面及转动部位的清洁、润滑。要求油眼畅通、游标清晰，清洗油绳和护床油毛毡，保持车床外表清洁和工作场地整洁。

2. 车床一级保养的要求

通常当车床运行500 h后，需要进行一级保养。其保养工作以操作工人为主，在维修工人的配合下进行。保养时，必须先切断电源，然后按下述顺序和要求进行。

(1) 主轴箱的保养：

① 清洗滤油器，使其无杂物。

② 检查主轴锁紧螺母有无松动，检查螺钉是否拧紧。

③ 调整制动器及离合器摩擦片间隙。

(2) 交换齿轮箱的保养：

① 清洗齿轮、轴套，并在油杯中注入新油脂。

② 调整齿轮啮合间隙。

③ 检查轴套有无晃动现象。

(3) 滑板和刀架的保养：拆洗刀架和中、小滑板，洗净擦干后重新组装，并调整中、小滑板与镶条的间隙。

(4) 尾座的保养：摇出尾座套筒，并擦净除油，以保持内外清洁。

(5) 润滑系统的保养：

① 清洗冷却泵、滤油器和盛液盘。

② 保证油路畅通，油孔、油绳、油毡清洁无铁屑。

③ 检查油脂，保持良好，油杯齐全，游标清晰。

(6) 电器的保养：

① 清洗电动机、电气箱上的尘屑。

② 电器装置固定整齐。

(7) 外表的保养：

① 清洗车床外表面及各罩壳,保持其内、外清洁,无锈蚀、无油污。

② 清洗三杠。

③ 检查并补齐各螺钉、手柄球、手柄。

清洗擦净后,各部件进行必要的润滑。

五、切削液

切削液又称冷却润滑液,是在车削加工过程中为了改善切削效果而使用的液体。在车削加工过程中,金属切削层发生了变形,在切削层与刀具间、刀具与加工表面存在着剧烈的摩擦。这些都会产生很大的切削力和大量的切削热。若在车削加工过程中合理地使用冷却液润滑,不仅能改善表面粗糙度,减少15% ~30% 的切削力,而且还会使切削温度降低100 ~ 150℃,从而提高了刀具的使用寿命、劳动生产率和产品质量。

1. 切削液的作用

切削液有以下三方面的作用。

(1) 冷却作用:切削液能吸收并带走切削区域大量的切削热,能有效地改善散热条件、降低刀具和工件的温度,从而延长了刀具的使用寿命,防止工件因热变形而产生的误差,为提高加工质量和生产效率创造了极为有利的条件。

(2) 润滑作用:由于切削液能渗透到切削刀具与工件的接触面之间,并黏附在金属表面上,而形成一层极薄的润滑膜,则可减小切削刀具与工件之间的摩擦,降低切削力和切削热,减缓刀具的磨损,因此有利于保持车刀刃口锋利,提高工件表面加工质量。对于精加工,加注切削液显得尤为重要。

(3) 冲洗作用:在车削过程中,加注有一定压力和充足流量的切削液,能有效地冲走黏附在加工表面和刀具上的微小切屑及杂质,减少刀具磨损,提高工件表面粗糙度。

2. 切削液的种类

车削加工中常用的切削液有乳化液和切削油两大类。

(1) 乳化液:乳化液是用乳化油加15 ~ 20 倍的水稀释而成,主要起冷却作用。其特点是黏度小、流动性好、比热容大,能吸收大量的切削热,但因其水分较多,故润滑、防锈性能差。若加入一定量的硫、氯等添加剂和防锈剂,可提高润滑效果和防锈能力。

(2) 切削油:切削油的主要成分是矿物油,少数采用动物油或植物油。这类切削液的比热容小、黏度较大、散热效果较差、流动性差,但润滑效果比乳化液好,主要起润滑作用。常用的切削油是黏度较低的矿物油,如10 号、20 号机油和轻柴油,煤油等。由于纯矿物油的润滑效果不理想,通常在其中加入一定量的添加剂和防锈剂,以提高其润滑性能和防锈性能。动、植物油作切削油虽然能形成较牢固的润滑膜,润滑效果较好,但因其容易变质,而使切削油的应用受到限制。

3. 切削液的选用原则

(1) 高速钢刀具:粗加工选用乳化液;精加工钢件时,选用极压切削油或浓度较高的极压乳化液。

(2) 硬质合金工具:为避免刀片因骤冷或骤热而产生崩裂,一般不使用冷却润滑液。如果使用,需在加工开始时就使用。

测　试　题

一、填空题

1. 进给箱把交换齿轮箱传递过来的运动,经过变速后传递给________,以实现车削加工各种螺纹;传递给________,以实现机动进给。

2. 车削加工中的主要参数包括________、________和________。粗加工时,首先选择较大的________,然后选择较大的________,最后选择合理的________。

3. 切削速度的公式为________,实际生产中经常将此公式改写成________。

4. 外圆车刀的刃倾角的作用是控制切屑的流向,当刃倾角为负时切屑流向________,当刃倾角为正时切屑流向________。

5. 车床按用途和结构不同主要分为________和________,除此之外还有________、________、________和________。

二、问答题

1. 车床由哪些主要部分组成? 各部分有何功能?

2. 车床上的主运动和进给运动是如何实现的?

3. CA 6140 型车床的润滑有哪些具体要求?

4. 车床的日常维护、保养有哪些具体要求?

5. 车削加工中的主要参数有哪些?它们是如何定义的?

6. 车削直径为60 mm的短轴外圆,若要求一次进刀车至55 mm,当选用$v_c=80$ m/min的切削速度时,试问切削深度和主轴转速应选多大?

7. 一般车刀由哪几个刀面、哪几条切削刃组成?

8. 什么是切削平面、基面和截面?它们之间有何关系?

9. 车刀有哪些角度？它们是如何定义的？

10. 前角、主偏角、刃倾角对切削有何影响？如何选择这些角度？

11. 常见的车刀刀具材料有哪两大类？各有何特点？

12. 工件在车床上的安装方法有哪几种？

13. 积屑瘤的概念以及其对粗、精加工的影响？

14. 切削液有何作用？如何正确选择切削液？

三、实际操作题

1. 车削如题图 1.1 所示的阶梯轴。

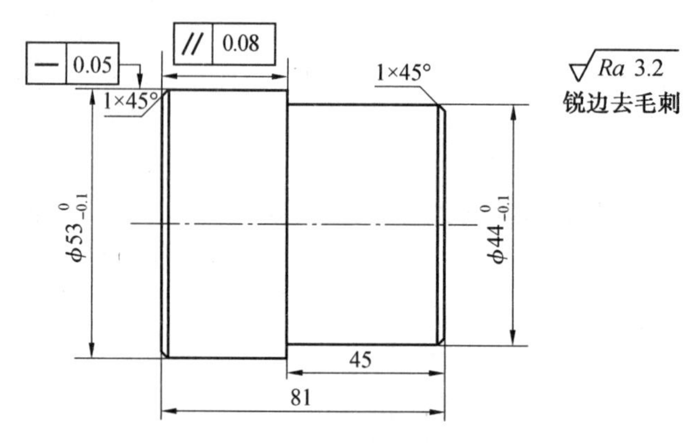

题图 1.1

2. 车削如题图 1.2 所示的短轴。

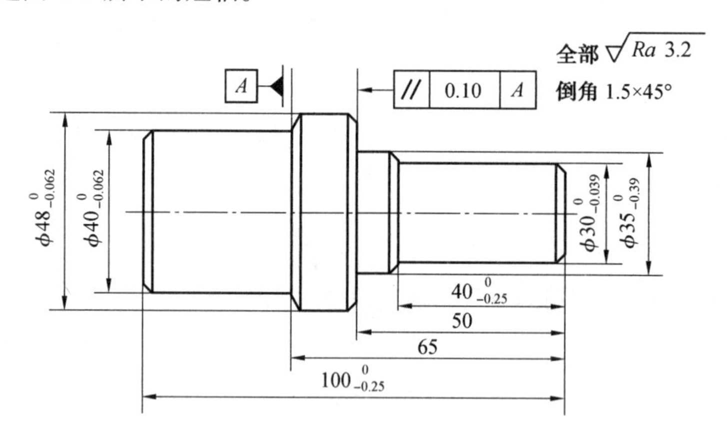

题图 1.2

3. 车削如题图 1. 3 所示的阶梯轴。

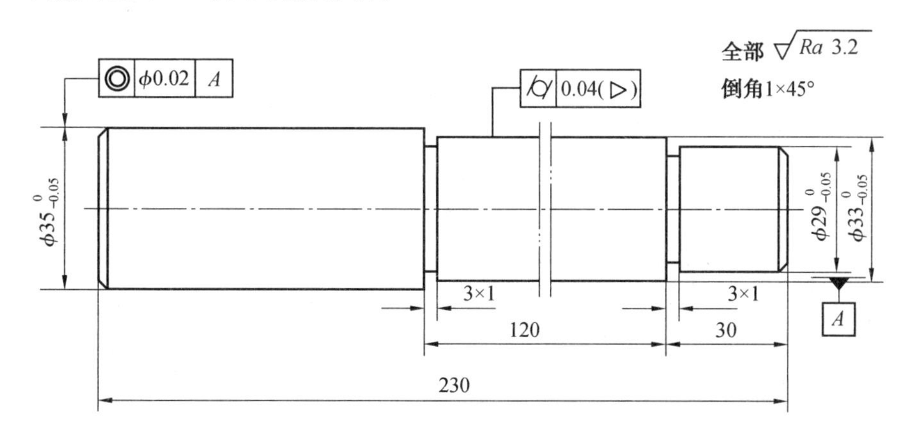

题图 1. 3

任务二　顶尖的加工

任　务　单

学习领域	普通机械加工 —— 车削加工
任务描述	顶尖的加工(图 2.1)
学习目标	1. 学会读懂带锥度轴类零件图样 2. 熟悉锥度计算及莫氏锥度、米制锥度 3. 掌握锥面的车削加工与检测方法 4. 掌握车刀的刃磨方法 5. 掌握带锥度轴类零件的车削工艺
任务分析	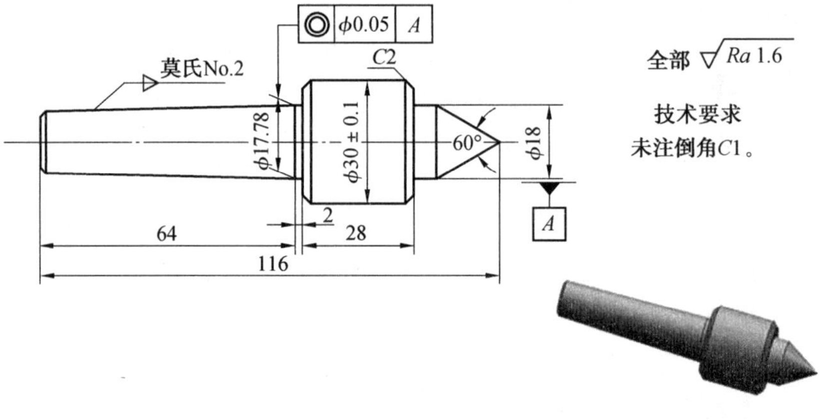 图 2.1　顶尖加工图样
图纸分析	在车床上加工如图 2.1 所示的顶尖,顶尖的前端部采用 60° 锥度,后端采用莫氏 2 号锥度。零件的表面粗糙度为 Ra 1.6,两端锥面轴要求同轴度误差不得大于 ϕ 0.05 mm
毛坯准备	采用棒料毛坯,尺寸为 ϕ 35 mm × 120 mm,毛坯材料为 45 号钢,退火状态

知识链接

Ⅰ. 知识与技能

一、圆锥的基础知识

1. 圆锥面的应用与特点

在机械设备中，有很多情况会使用到圆锥面的配合，例如车床主轴锥孔与前顶尖的配合，车床尾座与后顶尖以及麻花钻锥柄的配合，铣床主轴与刀柄的配合等。

圆锥面的配合具有以下特点：

(1) 同轴度高，可以无间隙配合。

(2) 当锥度角小于3°时，可以传递很大的转矩。

2. 锥度与锥度半角

锥度零件及其简化图如图2.2所示。

(1) 大端直径 D：圆锥最大端的直径。

(2) 小端直径 d：圆锥最小端的直径。

(3) 圆锥长度 L：最大圆锥直径处与最小圆锥直径处的轴向距离。

(4) 锥度 C：圆锥大、小端直径之差与长度之比。

$$C = \frac{D - d}{L}$$

(5) 锥度半角 $\alpha/2$：圆锥角 α 是在通过圆锥轴线的截面内，两条素线间的夹角；而在车削加工时经常用到的是圆锥半角 $\alpha/2$，即锥度半角。

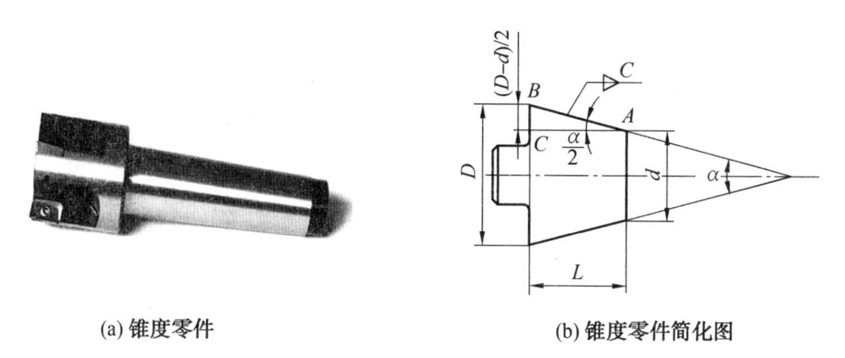

(a) 锥度零件　(b) 锥度零件简化图

图2.2　锥度零件及其简化图

3. 锥度半角计算

在车床上加工锥度零件时，常需要通过计算得到锥度半角的数值，然后根据锥度半角转动小滑板或偏移尾座来加工锥面。

(1) 查表法计算锥度半角。

根据图 2.2(b) 所示,可得

$$\tan\frac{\alpha}{2}=\frac{BC}{AC}\qquad BC=\frac{D-d}{2}\qquad AC=L$$

$$\tan\frac{\alpha}{2}=\frac{D-d}{2L}$$

查三角函数表计算锥度半角 $\alpha/2$ 的值。

(2) 近似公式法计算锥度半角。

当被加工的零件锥度半角小于6°时,可以使用近似公式计算 $\alpha/2$ 的值。其近似公式为

$$\alpha/2\approx28.7°\times(D-d)/L\approx28.7°\times C$$

注意:

① 锥度半角的度数必须在6°以内。

② 锥度比是否小于1/4,如果是就可以采用近似公式计算。

(3)CAD 图解法计算锥度半角。

已知锥度零件的大、小端直径和锥长,用 CAD 软件把零件图中带锥度的部分画出来,再利用 CAD 软件角度标注的方法把锥度半角求解出来,这种方法求出的锥度半角是精确的而不是近似的,但前提是操作者要使用 CAD 软件来画图,其尺寸标注如图 2.3 所示。

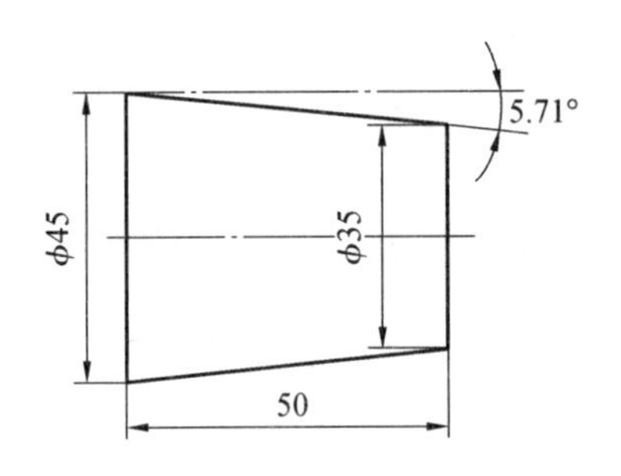

图 2.3　利用 CAD 软件求锥度半角

4. 莫氏圆锥与米制圆锥

为了制造和使用方便,常用的工具、刀具上的圆锥均已标准化。使用时,按照相同的号码,可以进行互换。标准工具圆锥在国际上已经通用,常用标准工具的圆锥主要有以下两种。

(1) 莫氏圆锥:莫氏圆锥是机器制造业中应用最为广泛的标准圆锥,例如莫氏变径套(图 2.4),车床的尾座、钻头和后顶尖的锥柄等都是莫氏圆锥。国家标准(GB/T 1139—2017)中规定了0号、1号、2号、3号、4号、5号和6号共7种莫氏圆锥,最小的是0号,最大的是6号。莫氏圆锥号码不同,圆锥的尺寸和圆锥半角都不同,具体尺寸见表 2.1。

图 2.4　莫氏变径套

表 2.1　莫氏圆锥的具体尺寸

名称		外圆锥		
		锥度	锥度角	大端直径基本尺寸/mm
莫氏圆锥	0 号	1∶19.212	2°58′54″	9.045
	1 号	1∶20.047	2°51′26″	12.065
	2 号	1∶20.020	2°51′40″	17.780
	3 号	1∶19.922	2°52′32″	23.825
	4 号	1∶19.254	2°58′31″	31.267
	5 号	1∶19.002	3°00′53″	44.399
	6 号	1∶19.180	2°59′12″	63.348

(2) 米制圆锥：米制圆锥分 4 号、6 号、80 号、100 号、120 号、140 号、160 号和200 号共8 种，其中 140 号较少使用。号码表示的是大端直径(mm)，8 种米制圆锥的锥度固定不变，即 $C=1:20$，具体尺寸见表 2.2。

表 2.2　米制圆锥的具体尺寸

名称		外圆锥		
		锥度	锥度角	大端直径基本尺寸/mm
米制圆锥	4 号	1∶20	2°51′51″	4
	6 号			6
	80 号			80
	100 号			100
	120 号			120
	160 号			160
	200 号			200

除了标准工具圆锥外，还有一些专用标准圆锥，例如铣床主轴孔及刀杆的锥体的锥度为7∶24；车床主轴法兰及轴头的锥度为1∶4；主轴与齿轮的配合部分的锥度为1∶15；圆锥管螺纹的锥度为1∶16等。

二、外圆锥面的车削方法

车削圆锥既要保证尺寸精度，又要保证圆锥角度。车外圆锥的方法主要有转动小滑板法、偏移尾座法、仿形法和宽刃刀车削法等四种。

1. 转动小滑板法（重点）

转动小滑板法是把刀架小滑板按工件的锥度半角要求转动一个相应角度，使车刀运动的轨迹与加工的圆锥素线平行，如图2.5所示。转动小滑板法适用于单件、小批量生产，特别适用于工件长度较短、圆锥角较大的圆锥面。

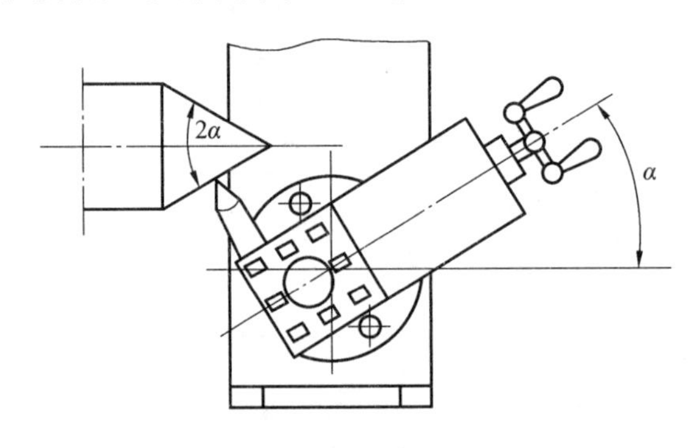

图2.5　转动小滑板法简图

操作方法如下：

（1）先按大端尺寸车出外圆。

（2）旋转转盘，对准角度。根据尺寸，计算出圆锥面的斜角 α，松开刀架底座转盘的紧固螺母，转动小滑板，使其倾斜角度正确，锁紧转盘。转盘靠刻度转出的角度有一定的误差，应有相应的方法予以保证。当车削锥度较小时，一般可用圆锥量规，使用涂色方法检验，通过试车，逐步找正转盘的角度。

如需加工的工件已有样件或标准件，可用百分表找正，如图2.6所示。先把样件或标准件安装在两顶尖之间，在刀架上装一百分表，使百分表的触头与样件或标准件接触，测量杆垂直于样件或标准件并把百分表指针调零，刀架转动一定的角度，用手转动小滑板刻度盘手柄来移动刀架，观察百分表的摆动。不断调整刀架的角度，直到百分表指针不摆动，则锥度找正，锁紧转盘。

利用百分表也可直接在已车削外圆上找正。如图2.7所示，装上工件，车好外圆。根据工件锥度，计算出轴向移动量为 L 时半径的变化量 R。装好百分表，转动刀架角度。用手转动小滑板刻度盘手柄来移动刀架，并用小滑板刻度盘的刻度来控制轴向移动量。当轴向移动量为 L，百分表的读数正好为 R 时，说明锥度已找正，锁紧转盘。注意，采用该方法找正时，不可超出百分表测量杆的行程，以免百分表损坏。

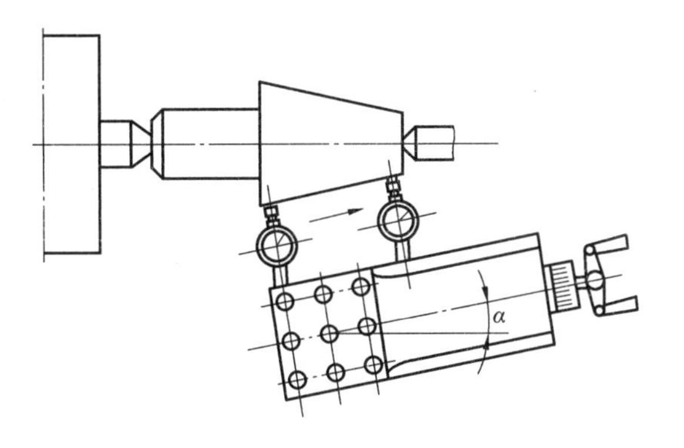

图 2. 6　百分表找正

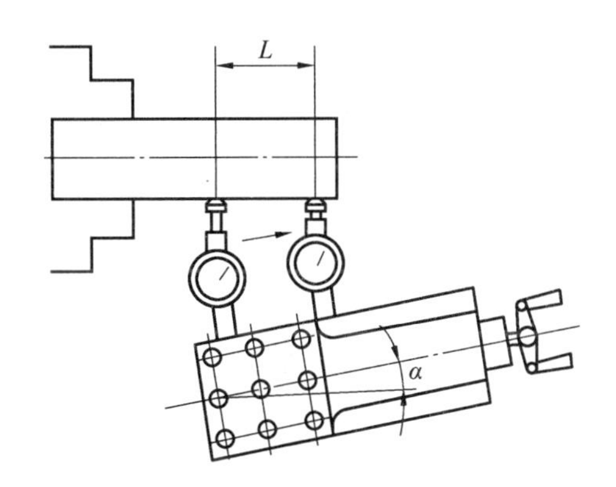

图 2. 7　利用百分表直接在已车削外圆上找正

（3）车削圆锥的操作步骤，如图 2. 8 所示。

a. 对刀。在大端对刀，记住刻度，退出；旋转小滑板手柄，将车刀退至右端面；调整切深。

b. 转动小滑板手柄，手动进给，对锥度粗车。

c. 调到对刀刻度手动精车。

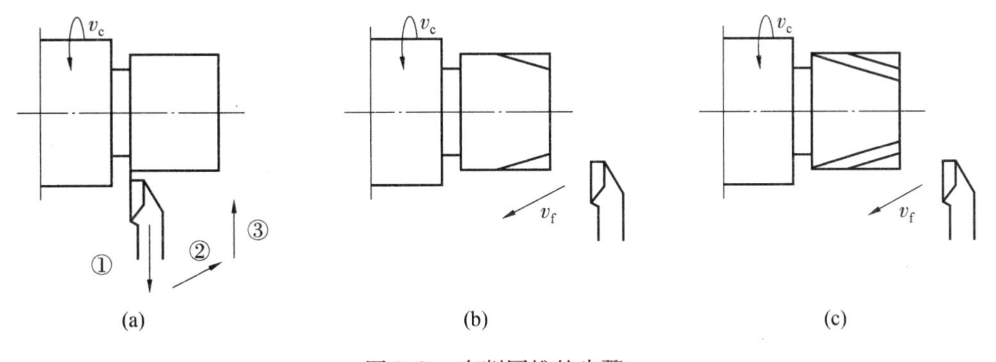

图 2. 8　车削圆锥的步骤

采用小滑板转位法车锥度时,由于需要手动进给,精车时转速要调得较高,手动进给的速度要慢且均匀，以降低表面粗糙度的值。使用左切车刀切削时，操作较复杂;使用右切车刀切削时,操作较为简便,此时刀杆应略斜,以防止车刀副后刀面与已加工表面之间的刮擦。小滑板转位法常用于车内孔锥度。车内孔锥度时,先用钻头钻出底孔,再找正锥度,开始加工。车内孔锥度所需的车刀为内孔车刀。在加工相配合的内外圆锥面时,如果要加工的零件数很少,可采用如图 2. 9 所示的加工方法进行加工。车削时,先进行车削外圆锥面,加工达到要求后，这时不要变动小滑板转盘角度，只要把内孔车刀反装，使前刀面朝下，主轴反转对内圆锥进行车削。 由于小滑板转盘角度不变，所加工的内外圆锥就可以准确配合。

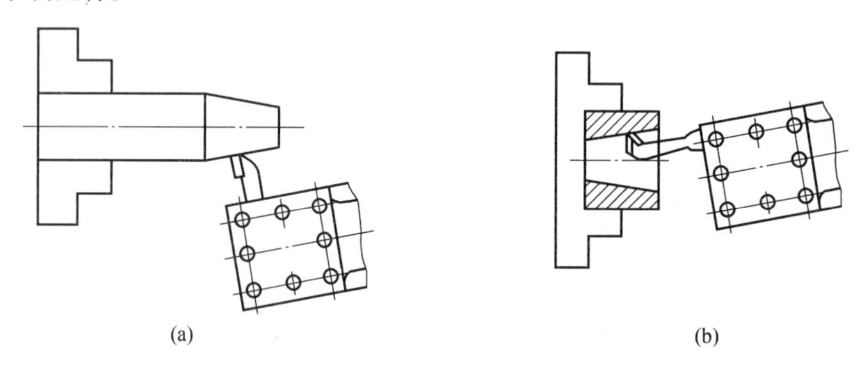

图 2. 9　加工配合的内外锥面

2. 偏移尾座法

偏移尾座法主要用于车削锥度小、长度长的圆锥面,如图 2. 10 所示。将尾座偏移一个距离 h,用两顶尖安装工件,使工件旋转轴线与主轴轴线的夹角等于工件锥面的斜角 α,纵向自动进给即可车锥面。使用偏移尾座法车锥度,尾座偏移距离 h 是否正确是关键所在。尾架偏移量的控制,可采用如下几种方法:

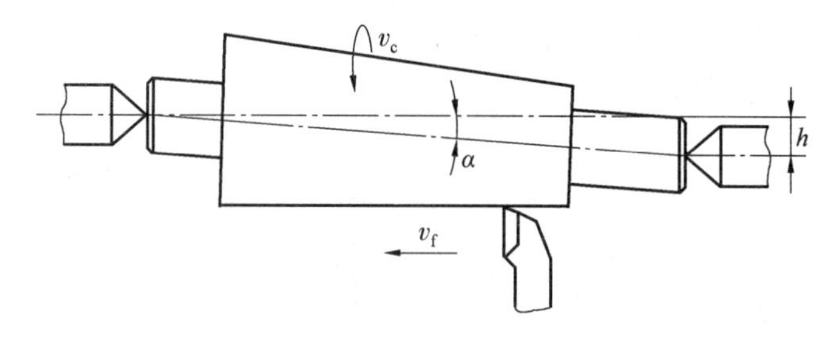

图 2. 10　偏移尾座法车削锥度

(1) 应用尾座的刻度偏移尾座。 如图 2. 11(a) 所示，转动螺钉 A 和 B，把尾座上层移动一个工件所需的距离 S,具体情况如图 2. 11(b) 所示。采用这种方法操作简便,但加工精度不高。

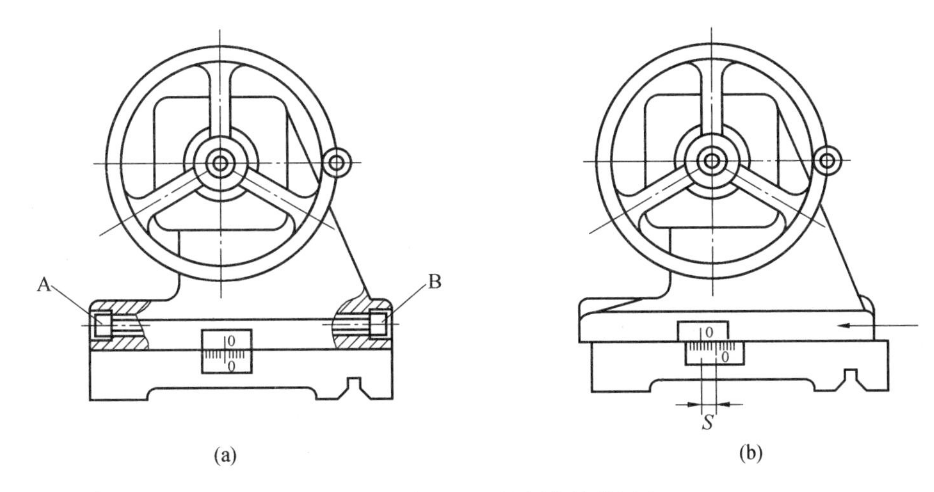

图 2. 11　应用尾座的刻度偏移尾座

(2) 应用百分表偏移尾座。把百分表装到刀架上,使百分表的触头与尾座套筒接触，测量杆垂直于尾座套筒并对准尾座套筒的轴线，然后偏移尾座，偏移量可在百分表中读出，如图 2. 12 所示。偏移量准确后固定尾座。这种方法虽比较准确,但也存在一定误差。

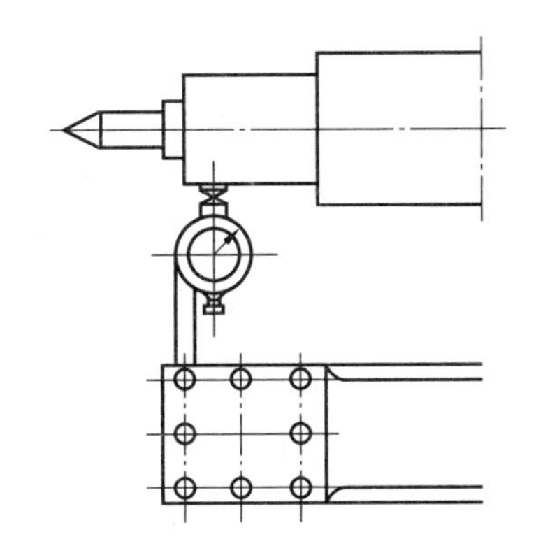

图 2. 12　应用百分表偏移尾座

(3) 应用圆锥量棒偏移尾座。如图 2. 13 所示,选一锥度与所加工的工件相同的圆锥

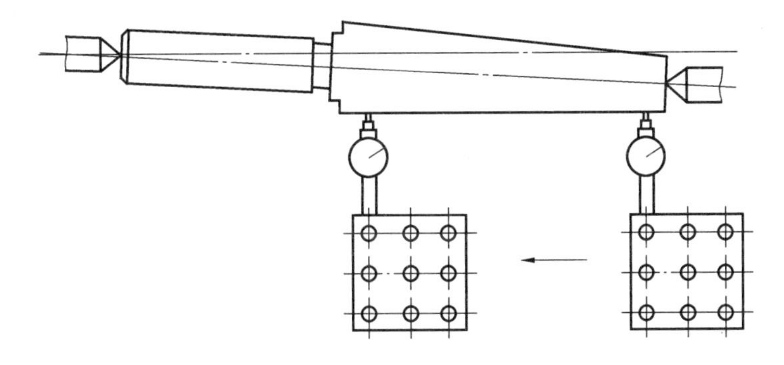

图 2. 13　应用圆锥量棒偏移尾座

量棒，把圆锥量棒安装在两顶尖之间。在刀架上装一百分表，使百分表的触头与量棒接触，测量杆垂直于量棒并对准量棒的轴线，然后偏移尾座，转动大拖板刻度盘手柄，看百分表在量棒两端的读数是否相同。如果读数不同，再调整尾座偏移量，直到读数相同，固定尾座。量棒的总长应与需加工的锥度长度相当，以减少误差。这种方法所调出的偏移量最为准确，可用于加工精度要求较高的工件。

3. 仿形法

仿形法即在卧式车床上安装一套仿形装置。该锥度仿形装置安装在车床的床身后面，仿形装置上有一块固定的锥度仿形板 1，其斜角可以根据工件的圆锥斜角调整。刀架 3 与滑块 2 刚性连接，取出中滑板丝杠。当床鞍纵向进给时，滑块 2 沿着锥度仿形板中的斜槽移动，带动车刀做平行于仿形板的斜向移动，切削过程中，始终保持 *BC//AD*，如图 2. 14 所示，这样，就按工件要求车削加工出圆锥面。对于长度较长、精度要求较高、生产批量较大的锥体，一般均采用仿形法加工。

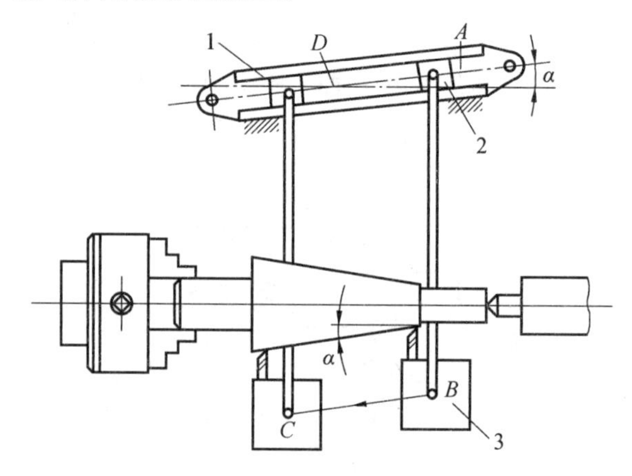

图 2. 14　仿形法车削锥度

1— 锥度仿形板；2— 滑块；3— 刀架

4. 宽刃刀车削法(成形法)

使用宽刃刀车削法加工锥度，一般只能加工长度小于20 mm的锥面，并要求车床的刚度较好，车床的转速应选择得较低，否则容易引起振动。采用成形法加工锥面，可先把外圆车削成阶梯状，去除大部分余量，使成形加工时切削量小、时间短；再把成形车刀(宽刃车刀) 调出工件所需的角度，直接横向进刀，车出工件所需的锥度，如图2. 15 所示。车削锥度时，车刀刀尖的高度必须严格对准工件轴线，无论车刀过高还是过低，均会引起圆锥表面的双曲线误差。采用小刀架转位法时，还应注意小拖板塞铁间隙，使小拖板移动时松紧均匀。

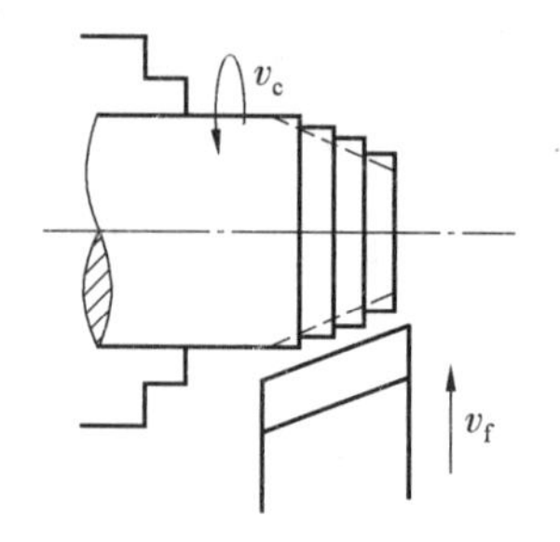

图 2. 15　宽刃刀车削法车锥度

三、外圆锥面的检测方法

1. 万用角度尺检测锥度

万用角度尺检测锥度如图 2. 16 所示,它可以测量 0° ~ 320° 范围内的任意角度。使用时应注意如下几点:

(1) 工件表面和量具表面要清洁。

(2) 按照工件所要求的角度,调整好万用角度尺的测量范围。

(3) 测量时,万用角度尺尺面应通过工件中心,并且一个面要跟工件测量基准面吻合,透光检查。读数时,应拧紧固定螺钉,然后移离工件,以免角度值变动。

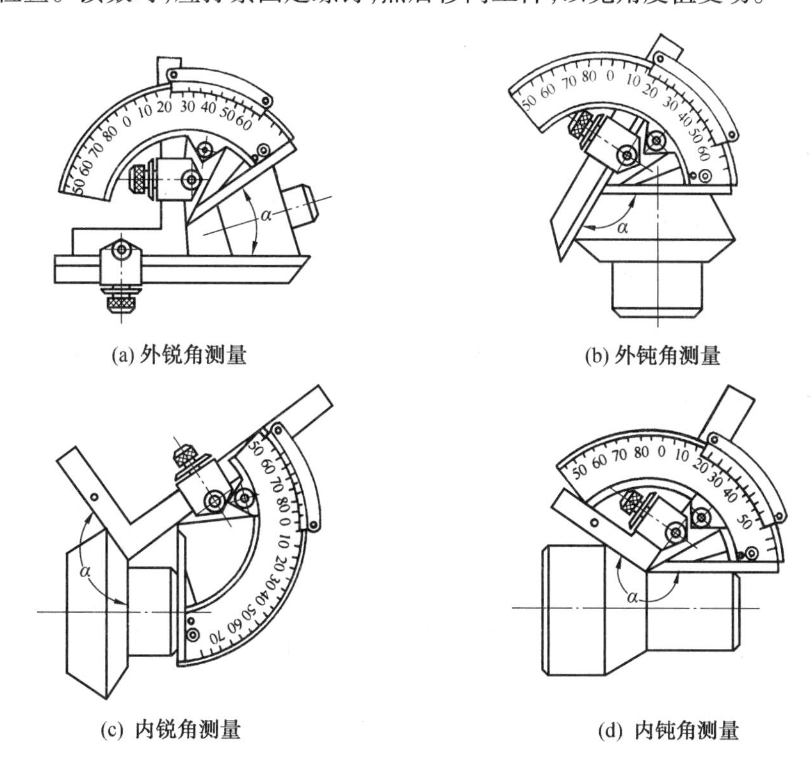

(a) 外锐角测量　(b) 外钝角测量

(c) 内锐角测量　(d) 内钝角测量

图 2. 16　万用角度尺检测锥度

2. 角度样板

在成批或大量生产时,外圆锥的角度测量经常采用角度样板来测量锥度,这样可以减少辅助时间。大部分情况下,测量用的角度样板可以使用线切割机床自行加工。如图 2. 17 所示为用角度样板测量圆锥齿轮坯角度的情况。用角度样板测量圆锥齿轮坯角度的情形:第一步先以端面为基准,测量 140°;第二步测量 90°。

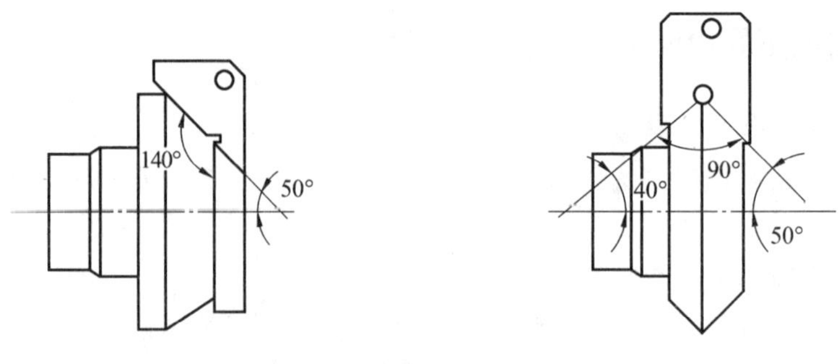

图 2.17　角度样板检测锥度

3. 圆锥量规检测圆锥尺寸

在测量标准圆锥或配合精度要求较高的圆锥工件时,可使用圆锥量规。圆锥量规又分为圆锥塞规和圆锥套规,如图 2.18 所示。

(1) 检验锥度。采用圆锥塞规测量内圆锥时,先在塞规表面上顺着锥体母线使用显示剂均匀地涂上 3 条线(相隔约 120°),然后把塞规放入内圆锥中转动(约 ±30°),观察显示剂擦去情况。如果擦去情况很均匀,说明锥面接触情况良好,锥度正确。假如小端擦去,大端没擦去,说明圆锥角大了;反之,就说明孔的圆锥角小了。测量外圆锥的方法与测内圆锥方法相同,但是显示剂应涂在工件表面上。

(2) 圆锥尺寸检验。圆锥塞规除了有一个精确表面之外,在端面上还有一个台阶,如图 2.18(a) 所示,或者具有两条刻线,如图 2.18(b) 所示,台阶或刻线之间的距离就是圆锥尺寸的公差范围。

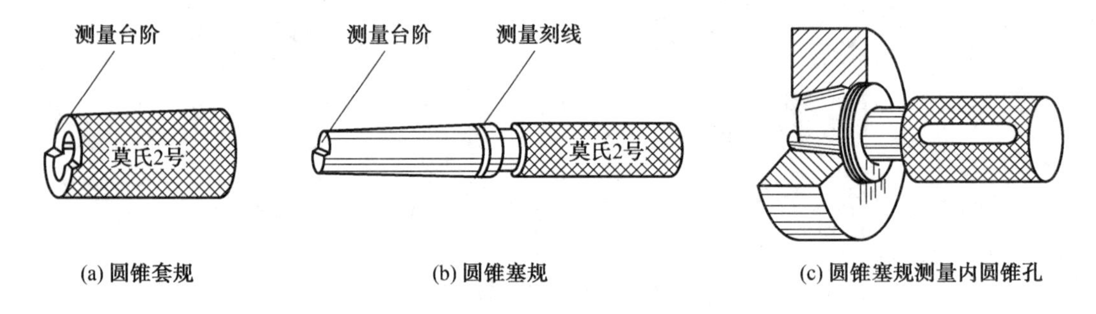

图 2.18　圆锥量规分类及测量方法

当圆锥的尺寸合格时,圆锥端面应处于台阶内或两条刻线之间,如图 2.19 所示。在测内圆锥时,如果两条刻线都进入工件孔内,说明内圆锥太大;如果两条刻线都在工件孔外,说明内圆锥太小;只有第一条线进入,第二条线未进入,内圆锥的尺寸才是合格的。在测外圆锥时,工件端面应出现在塞规的台阶内,否则工件锥度尺寸是不合格的。

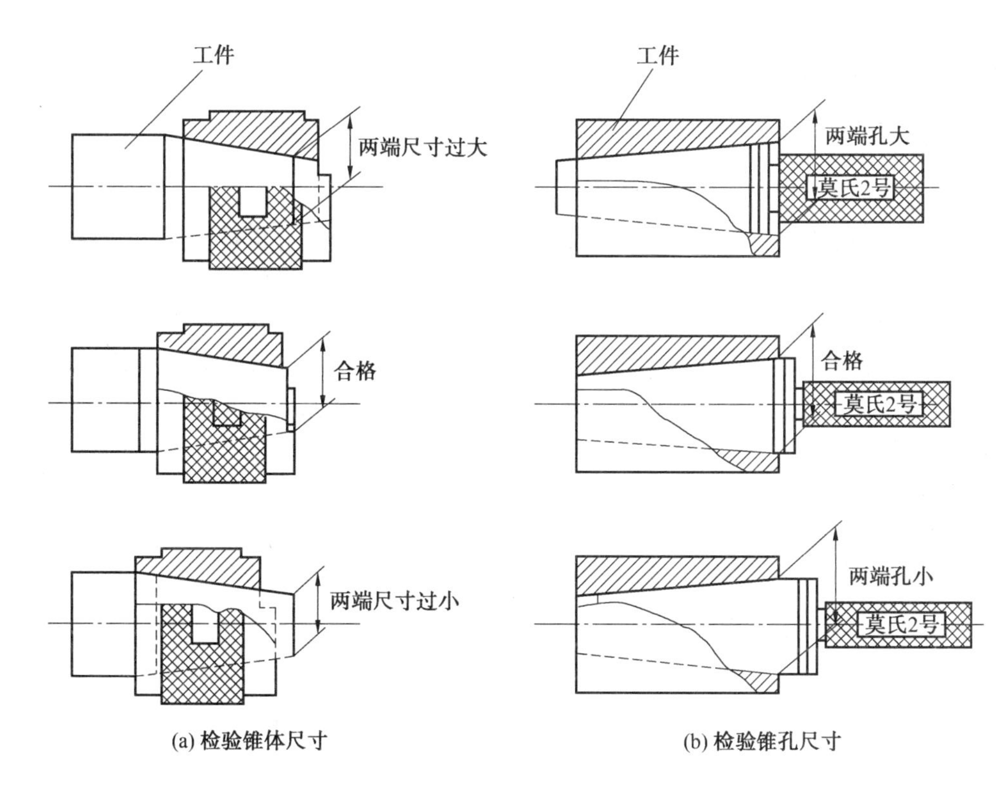

图 2.19 内锥锥体和锥孔的检测

四、外圆车刀的刃磨方法

在车床上主要依靠工件的旋转主运动和刀具的进给运动来完成切削工作。因此，车刀角度的选择是否合理，以及车刀刃磨的角度是否正确，都会直接影响工件的加工质量和切削效率。车刀的刃磨分为机械刃磨和手工刃磨两种。机械刃磨效率高、质量好、操作方便。但手工刃磨在中小型企业中仍普遍采用。因此，车工必须掌握手工刃磨车刀的技术。下面主要介绍一下手工刃磨车刀的砂轮选用、刃磨方法与步骤，以及注意事项。

1. 砂轮的选用

常用的砂轮有白色的氧化铝砂轮和绿色的碳化硅砂轮。氧化铝砂轮的砂粒韧性好，比较锋利，硬度稍低，常用来刃磨高速钢和碳素工具钢刀具；碳化硅砂轮的砂粒硬度高但较脆，其切削性较好，常用来刃磨硬质合金刀具。

磨刀前应首先对砂轮进行修整。当砂轮的径向圆跳动或外圆的圆柱度超差时，应采用砂轮刀、人造金刚石笔或粗粒度超硬碳化硅砂轮碎块进行修整。砂轮的粗细以粒度号来表示，一般有 60、80 和 120 等级别，粒度号愈大则表示组成砂轮的磨粒愈细，反之则愈粗。粗磨车刀应选用粗砂轮，精磨车刀应选用细砂轮。根据经验，车刀刀具的刃磨使用直径 250 mm 砂轮较好。

2. 车刀的刃磨方法与步骤

车刀刃磨的要求是在保持刀具材料切削性能的前提下，磨出加工所需的车刀几何形状和几何角度。下面以 90° 右偏刀为例说明车刀的刃磨操作过程，其步骤如图 2.20 所示。

（1）磨出主后刀面：磨出车刀的主偏角和主后角。

（2）磨出副后刀面：磨出车刀的副偏角和副后角。

（3）磨出前刀面：磨出车刀的前角和刃倾角。

（4）磨出断屑槽：根据需要在前刀面上磨出相应的断屑槽，并倒棱。

（5）进一步精磨各面，直到各面平整光滑。

（6）磨出刀尖圆弧。

（7）用油石研磨各面：要注意研磨方向，如图 2.21 所示。研磨车刀各面，使在切削刃附近的刀面看不出砂轮的磨削痕迹，这样可使车刀的切削刃更锋利、更耐用。

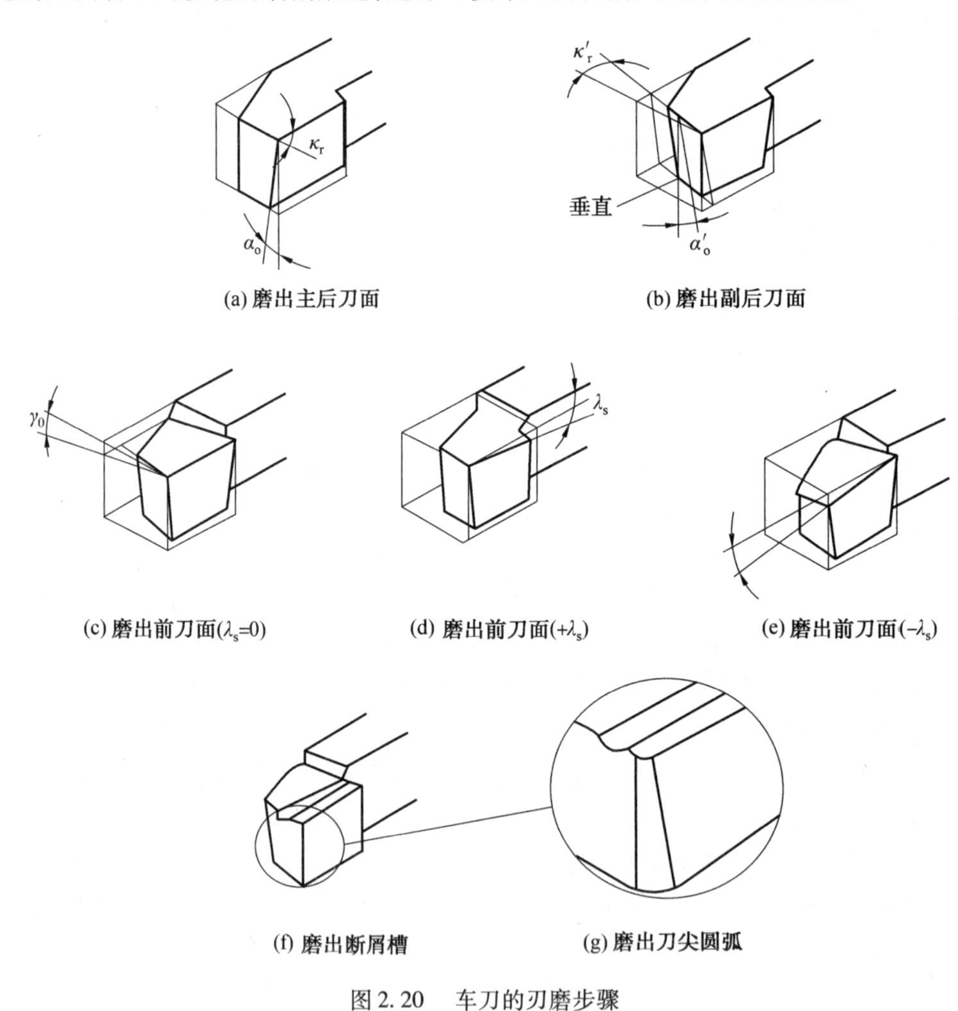

(a) 磨出主后刀面　(b) 磨出副后刀面

(c) 磨出前刀面(λ_s=0)　(d) 磨出前刀面(+λ_s)　(e) 磨出前刀面(−λ_s)

(f) 磨出断屑槽　(g) 磨出刀尖圆弧

图 2.20　车刀的刃磨步骤

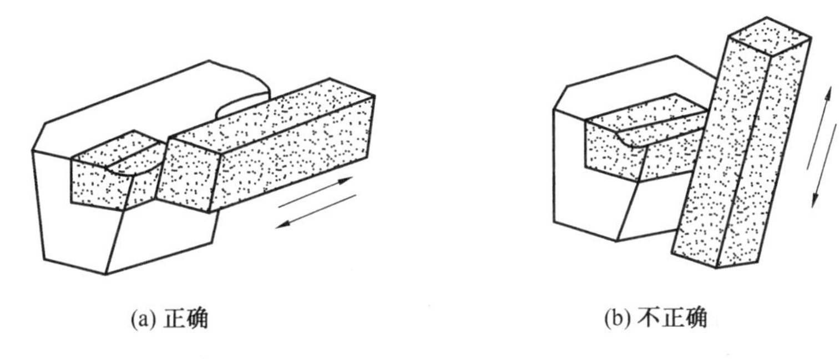

(a) 正确　(b) 不正确

图 2.21　用油石研磨各面

3. 车刀刃磨的注意事项

(1) 车刀刃磨时操作者应站在砂轮的侧面，双手握稳刀具，车刀与砂轮接触时用力要均匀，压力不宜过大。

(2) 应使用砂轮的圆周面磨刀，并要左右移动刀具，以免砂轮被磨出沟槽。不可在砂轮的侧面用力粗磨车刀。

(3) 刃磨高速钢刀具时，要经常沾水冷却，以防刀具被退火而变软；刃磨硬质合金钢刀具时，不得沾水冷却，否则刀片会碎裂。

(4) 刃磨刀具时，要注意刀具温度的变化，不可用布、棉纱等包着刀具去磨，以免使手无法正确感觉刀具温度的变化。

五、中心孔的类型、作用和加工方法

1. 中心孔的种类和作用

中心孔按形状和作用可以分为4种：A型、B型、C型和R型，其中A型和B型为常用的中心孔，如图2.22所示。

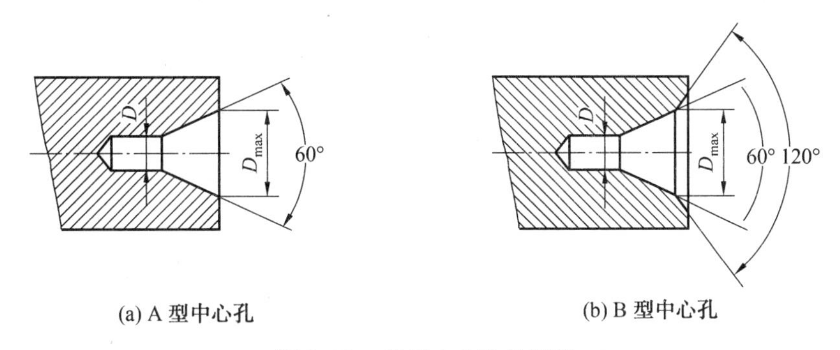

(a) A型中心孔　(b) B型中心孔

图 2.22　常用中心孔的类型

(1) A型中心孔：由圆柱部分和圆锥部分组成，圆锥孔的锥度角为60°，一般适用于不需要多次装夹或不保留中心孔的工件。

(2) B型中心孔：是在A型中心孔的端部多一个120°的圆锥面，目的是保护60°锥面，不使其拉毛碰伤，一般应用于多次装夹的工件。

(3) C型中心孔：外端形似B型中心孔，里面有一个比圆柱孔还小的内螺纹，它可以将其他零件轴向定位在轴上,或将零件吊挂放置。

(4)R 型中心孔:是将 A 型中心孔的圆锥母线改为圆弧线,以减少中心孔与顶尖的接触面积,减少摩擦力,提高定位精度。

中心孔的尺寸以圆柱孔直径 D 为基本尺寸,它是选取中心孔的依据。直径在 6.3 mm 以下的中心孔常用高速钢制成的中心钻直接钻出。

2. 中心孔的加工

(1) 中心孔的加工步骤:

① 将中心钻安装在钻夹头上,然后将钻夹头安装在尾座的锥孔内。

② 将尾座前移,使中心钻靠近工件端面,校正中心钻钻头与工件回转中心同轴,锁紧尾座。

③ 选择较高的主轴转速,摇动尾座进给手柄钻入工件,在钻削时要及时加切削液进行冷却,进给量要小且均匀。

(2) 中心孔在加工时要注意的问题:

① 中心钻轴线必须与工件回转中心一致。

② 工件端面要预先车平,否则使中心钻无法定心。

③ 由于中心孔的直径较小,切削时选择较高的转速才能不使钻孔的线速度过低,否则易使中心钻折断。

④ 及时进退,以便排屑,并要及时浇注切削液进行冷却。

Ⅱ. 工艺路线分析

1. 刀具与切削用量的选择

顶尖加工选择的刀具主要有外圆车刀和切断刀,具体选择见表 2.3。

表 2.3 顶尖加工刀具

序号	刀具规格	
	类型	材料
1	45° 外圆车刀	硬质合金
2	90° 外圆粗车刀	硬质合金
3	90° 外圆精车刀	硬质合金

顶尖粗加工和精加工的切削用量见表 2.4。

表 2.4　顶尖加工切削用量选择

序号	加工内容	切削深度 a_p/mm	进给量 f/($mm \cdot r^{-1}$)	转速 n/($r \cdot min^{-1}$)
1	车平端面	0.3	—	450
2	粗车外圆	2	0.3	450
3	精车外圆	0.2	0.15	800
4	粗车锥面	1	—	450
5	精车锥面	0.2	—	1 000

2. 加工工艺规程的制定

顶尖的加工工艺规程见表 2.5。

表 2.5　顶尖的加工工艺规程

<table>
<tr><td colspan="2">零件名称</td><td>材料</td><td>数量</td><td>毛坯种类</td><td>尺寸</td></tr>
<tr><td colspan="2">顶尖</td><td>45 钢</td><td>1</td><td>圆钢</td><td>ϕ 35 mm × 120 mm</td></tr>
<tr><td>工序</td><td>设备</td><td colspan="2">装夹方式</td><td colspan="2">加工内容</td></tr>
<tr><td rowspan="6">1</td><td rowspan="6">CA 6140</td><td rowspan="3" colspan="2">三爪自定心卡盘顶尖</td><td colspan="2">平端面、钻中心孔</td></tr>
<tr><td colspan="2">粗车莫氏 2 号锥度斜面及 ϕ 30 mm × 28 mm 外圆</td></tr>
<tr><td colspan="2">精车莫氏 2 号锥度斜面及 ϕ 30 mm × 28 mm 外圆</td></tr>
<tr><td rowspan="3" colspan="2">主轴锥孔 + 莫氏套</td><td colspan="2">调头,配合莫氏套装夹,平端面控制总长 116 mm</td></tr>
<tr><td colspan="2">粗车顶尖锥面、外圆</td></tr>
<tr><td colspan="2">精车顶尖锥面、外圆</td></tr>
</table>

Ⅲ. 知识拓展

一、内圆锥面的加工方法

1. 转动小滑板法

转动小滑板法车内圆锥时,应先采用比锥孔小端直径小 1 ~ 2 mm 的钻头钻底孔,再转动小滑板的角度,移动小滑板作进给运动,使车孔刀的运动轨迹跟工件轴心线相交成所需的圆锥斜角,然后进行车削。

2. 铰内圆锥法

在加工直径较小的圆锥孔时,因为刀杆的刚性差,车出的内锥孔精度差,表面粗糙度的值大,这时,可以用锥形铰刀来加工。用铰削方法加工的内圆锥精度比车削高,粗糙度可达 *Ra* 1.6。

(1) 锥形铰刀。锥形铰刀一般分粗铰刀(图 2.23(a))和精铰刀(图 2.23(b))两种。

粗铰刀的槽数比较少,容屑量大,这样对排屑有利。粗铰刀的刀刃上切了一条螺旋分屑槽,把原来很长的刀刃分割成若干短刀刃,切削时把切屑分段,使切屑容易排出。精铰刀做成锥度很精确的直线刀刃,还有很小的棱边(b_r = 0.1 ~ 0.2 mm),以保证锥孔的质量。

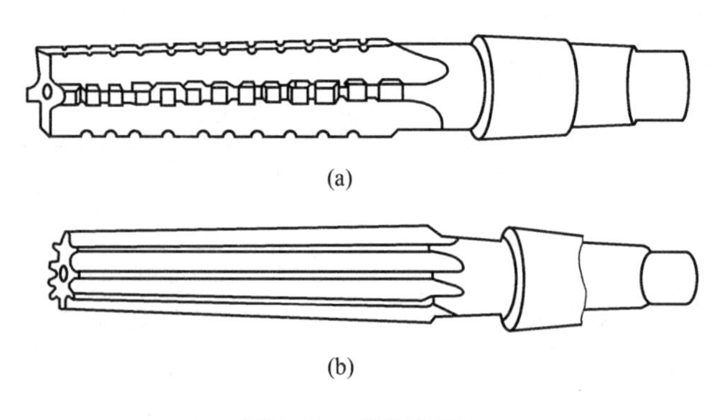

图 2.23 锥度铰刀

铰圆锥孔时,须将铰刀安装在尾座套筒内。铰孔前必须使用百分表测量把尾座中心调整到与主轴中心重合的位置,否则,铰出的锥孔不会正确,表面质量也不高。

(2) 铰锥孔的方法。根据锥孔孔径大小、锥度大小以及精度的高低不同,有以下 3 种。

① 钻、车、铰圆锥孔:当锥孔的直径和锥度较大,且有较高的位置精度时,可先钻底孔,然后粗车锥孔,最后用精铰刀进行铰削以达到所需精度。

② 钻、铰圆锥孔:当锥孔的直径和锥度都较小时,可先钻孔,然后用粗铰刀铰锥孔,最后用精铰刀铰削到所需尺寸。

③ 钻、扩、铰圆锥孔:当锥孔的长度较长、余量较大,并有一定位置精度要求的情况下,可先钻底孔,然后用扩孔钻扩孔,最后用粗铰刀、精铰刀铰孔。铰孔时,参加切削的刀刃长,切削面积大,排屑也很困难,所以切削用量要选小些。切削速度一般在 5 m/min 以下,进给量应根据锥度的大小选择。锥度大,进给量要小些,反之,可大些。铰削钢料时,进给量一般为 0.15 ~ 0.3 mm/r,铸铁铰削进给量可大些。铰孔时,为了减少切削力和降低表面粗糙度,一般应浇注切削液。铰削钢料时,使用乳化液或切削油;铰削铸铁时,可使用煤油。

二、内圆锥面的检测方法

1. 角度或锥度的检测

检测内圆锥面的角度或锥度主要是使用圆锥塞规。图2.24所示为莫氏3号塞规。圆锥塞规检测内圆锥时，也采用涂色法，其具体要求与用圆锥套规检测外圆锥相同，只要将显示剂涂在塞规表面，判断圆锥角大小的方法正好相反，即若小端擦着，大端未擦着，说明圆锥角大了；若大端擦着，小端未擦着，说明圆锥角小了。

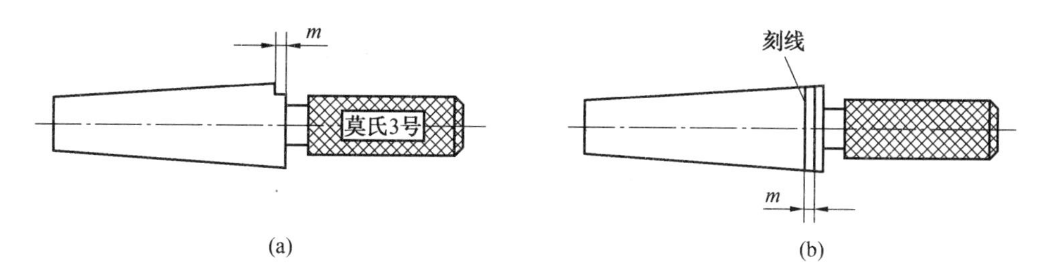

图2.24　莫氏3号塞规

2. 圆锥尺寸的检测

圆锥尺寸的检测主要也是使用圆锥塞规。如图2.25所示，根据工件的直径尺寸及公差在圆锥塞规大端开有一个轴向距离为 m 的阶台（刻线），分别表示过端和止端。测量锥孔时，若锥孔的大端平面在阶台两刻线之间，说明锥孔尺寸合格，如图2.25(a)所示；若锥孔的大端平面超过了止端刻线，说明锥孔尺寸太大了，如图2.25(b)所示；若两刻线都没有进入锥孔，说明锥孔尺寸太小了，如图2.25(c)所示。

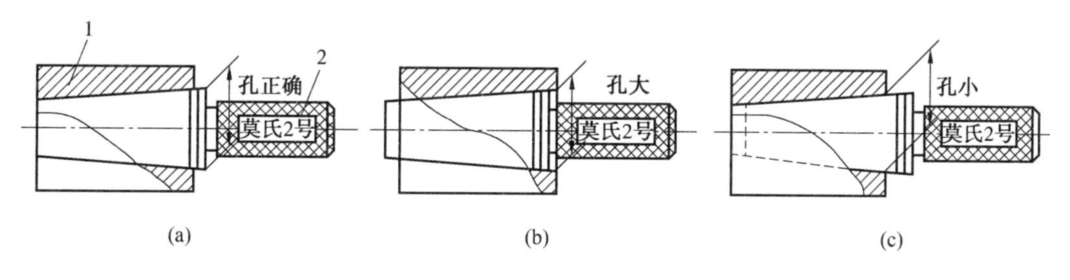

图2.25　圆锥尺寸的检测
1—工件；2—莫氏2号塞规

测　试　题

一、填空题

1. 车外圆锥的方法主要有________、________、________和________等四种。

2. 车床的尾座、钻头和后顶尖的锥柄等采用的都是________锥度。米制圆锥共有________种，其锥度固定不变，为________。

3. 已知锥度零件大端直径 $D = 45$ mm，小端直径 $d = 35$ mm，锥度 $L = 50$ mm，则其锥度半角近似等于________。

4. CA 6140 车床尾座的锥孔为莫氏________。

5. 可以将其他零件轴向定位在轴上，或将零件吊挂放置的中心孔是________。

二、问答题

1. 什么叫锥度？写出其计算公式。

2. 根据已知条件，用近似公式计算出下列圆锥半角 $\alpha/2$。

(1) $D = 25$ mm，$d = 24$ mm，$L = 20$ mm。

(2) $C = 1 : 20$。

3. 车外圆锥面一般有哪几种方法？各适用于何种情况？

4. 使用转动小滑板法车圆锥有什么缺点?

5. 使用偏移尾座法车圆锥有什么缺点?偏移尾座法有哪几种测量方法?

6. 中心孔有几种类型,分别是什么?钻中心孔时,如何防止中心钻折断?

7. 简述内、外锥度的检测方法。

8. 刃磨刀具使用的砂轮有哪几种,分别有怎样的性能?

三、实际操作题

1. 车削如题图 2. 1 所示的锥体。

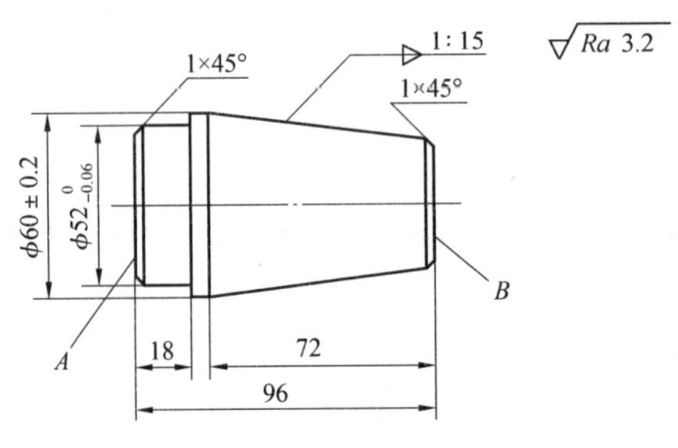

题图 2. 1

2. 车削如题图 2. 2 所示的轴。

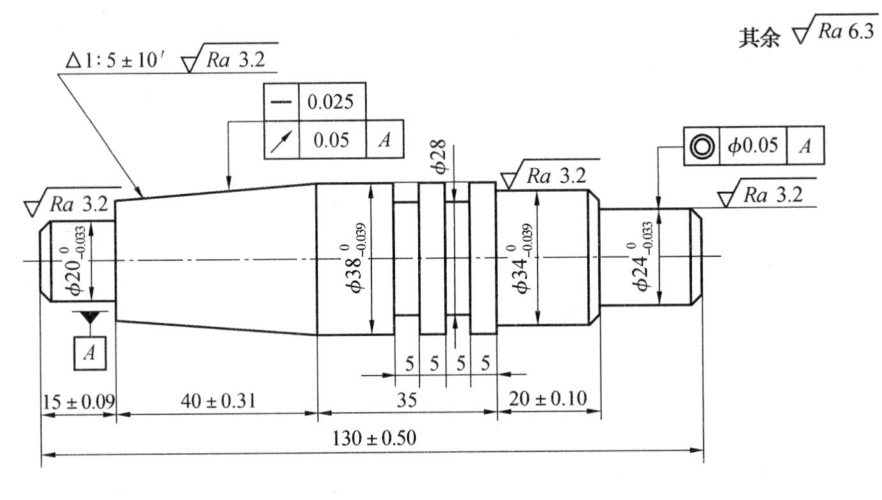

题图 2. 2

3. 车削如题图 2. 3 所示的轴。

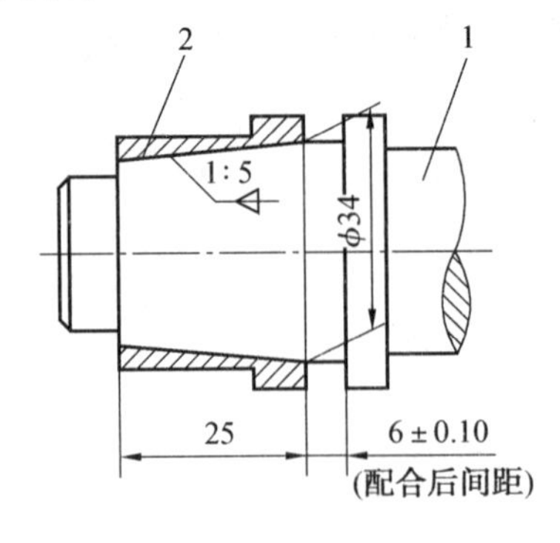

题图 2. 3

1— 圆锥轴;2— 圆锥套

任务三　千斤顶的加工

任　务　单

学习领域	普通机械加工 —— 车削加工
任务描述	千斤顶的加工(图 3. 1、图 3. 2、图 3. 3)
学习目标	1. 学会读懂简单的配合零件图样 2. 掌握普通三角螺纹的加工工艺与检测方法 3. 掌握在车床上钻孔的方法与工艺 4. 熟悉螺纹车刀及手动加工螺纹的工具 5. 掌握配合零件的工艺规程编制
项目分析	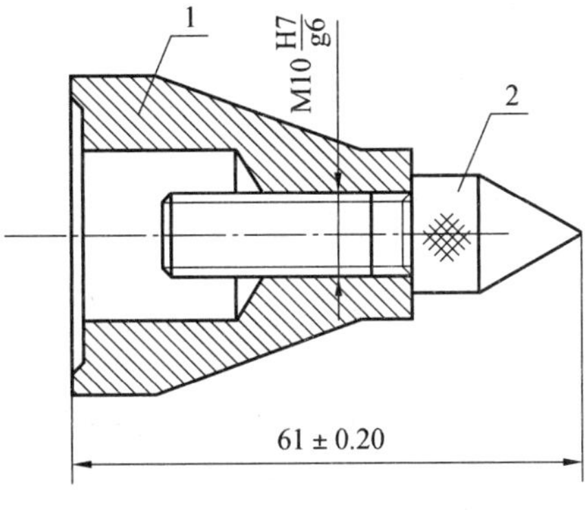 图 3. 1　千斤顶装配图 1— 千斤顶底座；2— 千斤顶顶尖

<table>
<tr>
<td></td>
<td>

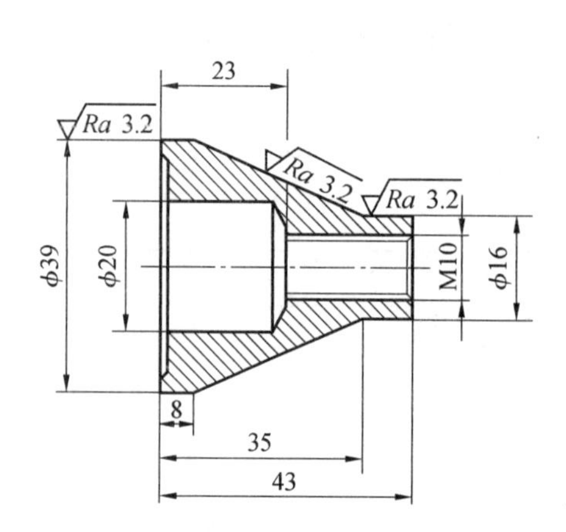

其余 $\sqrt{Ra\ 12.5}$

技术要求

1. 锐角倒钝；
2. 未注尺寸公差按IT14加工。

图 3.2　千斤顶底座图样

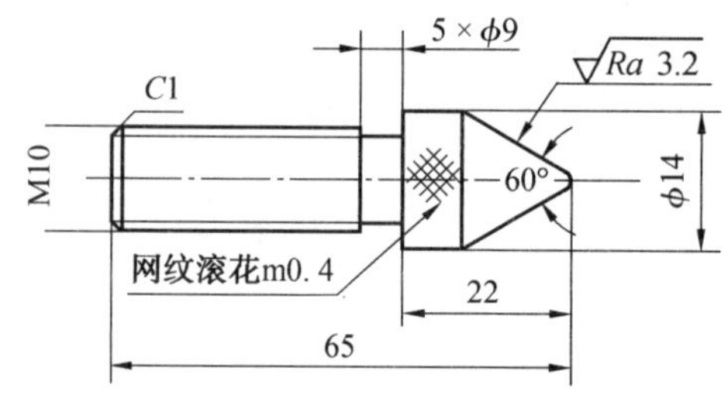

其余 $\sqrt{Ra\ 12.5}$

技术要求

1. 锐角倒钝；
2. 未注尺寸公差按IT14加工。

图 3.3　千斤顶顶尖图样

</td>
</tr>
<tr>
<td>图样分析</td>
<td>在车床上加工如图 3.1 所示的千斤顶。千斤顶由底座和顶尖两部分组成，底座由外圆柱面、锥面、内孔和内螺纹组成，顶尖由滚花、锥面、外螺纹组成。底座毛坯尺寸为 φ 40 mm ×55 mm，顶尖毛坯尺寸为 φ 16 mm × 70 mm，材料为 45 号钢。零件的精度等级为 IT14，外圆和锥面的表面粗糙度为 *Ra* 3. 2 μm。根据零件精度和表面粗糙度要求，工艺步骤安排为先加工顶尖的螺纹和滚花，60° 锥面不加工；然后加工底座的内孔和内螺纹，将顶尖旋入底座中配合加工顶尖的 60° 锥面；最后加工底座的外圆和锥面</td>
</tr>
<tr>
<td>毛坯准备</td>
<td>采用棒料毛坯，毛坯材料为 45 号钢，退火状态</td>
</tr>
</table>

知识链接

Ⅰ.知识与技能

一、钻孔

1. 麻花钻的几何形状

（1）麻花钻的组成部分。

麻花钻由柄部、颈部和工作部分三部分组成，如图 3.4 所示。柄部是钻头的夹持部分，装夹时起定心作用，切削时起传递扭矩的作用。麻花钻的柄部有直柄和锥柄两种，直柄钻头的直径一般在 13 mm 以下，如图 3.5(a) 所示；锥柄钻头直径一般在 6 mm 以上，如图 3.5(b) 所示。颈部一般用来标注商标、钻头直径和材料牌号等。工作部分由切削部分和导向部分组成，起切削和导向作用。

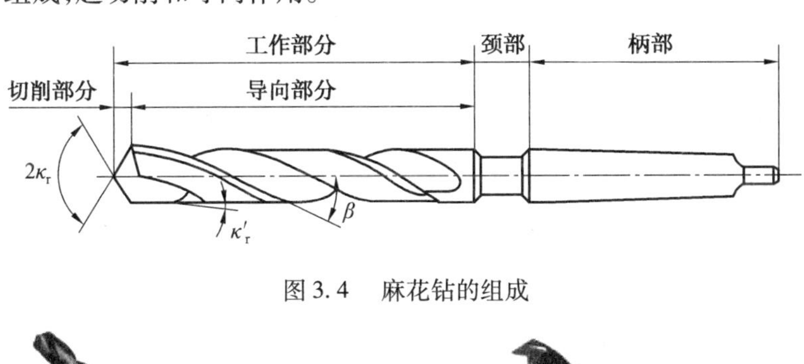

图 3.4　麻花钻的组成

图 3.5　麻花钻

（2）麻花钻切削部分的几何形状。

麻花钻的顶角 $2\kappa_r$ 为 118° ± 2°，切削部分可以看成是由正反两把车刀组成的。因此，麻花钻前刀面、后刀面、主切削刃各有两个，两个后刀面在钻心处相交形成横刃，如图 3.6 所示。

2. 车床钻孔的工艺步骤

（1）钻头的安装。

① 安装直径小于 ϕ 12 mm 的钻头，常用钻夹头安装，然后将钻夹头锥柄装入车床尾

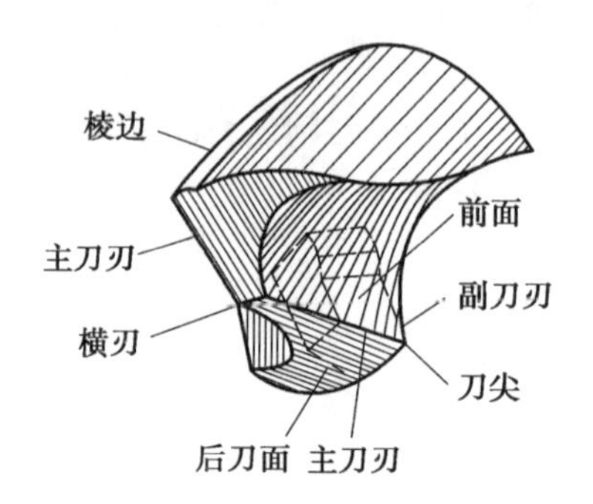

图 3.6　麻花钻的切削部分

座套筒锥孔中。

② 尾座套筒中安装直径较大的锥柄钻头，可直接装在尾座套筒中。如果钻头柄部莫氏号与尾座套筒莫氏号不相同，可在钻头的尾部装一个与尾座套筒莫氏号相同的过渡套筒，然后装入尾座套筒锥孔内。

③ 使用专用工具安装钻头。如图 3.7(a) 所示，将钻头柄部装入专用工具的孔中，再将专用工具安装在刀架上，如图 3.7(b) 所示。

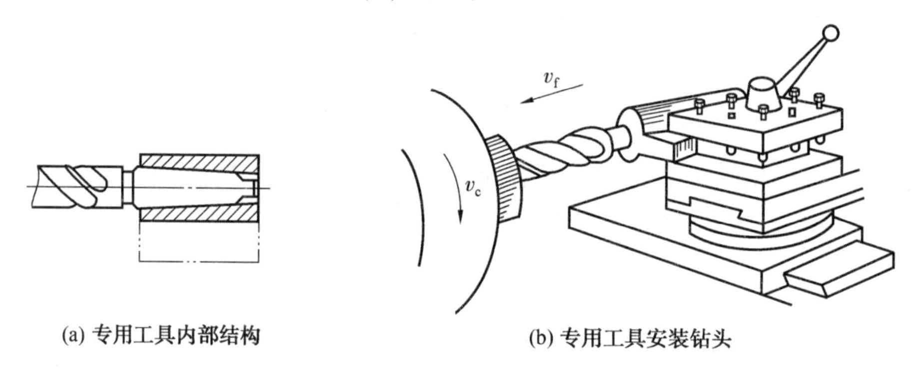

图 3.7　使用专业工具安装钻头

(2) 车平端面，找正尾座。

钻孔前先要将工件端面车平，中心处不能留有凸台，以利于钻头正确定心。

找正尾座，使钻头中心对准工件的回转中心，否则会使孔径钻大、钻偏甚至折断钻头。

(3) 手动进给钻孔。

① 调节主轴转速。由于钻孔时散热困难，一般选择较低的转速。转速大小，还应根据钻头的大小及工件材料的硬度来选择。钻头越大、工件材料越硬，转速应选得越低；钻直径小于 4 mm 的孔时，应选用较高的转速；采用高速钢钻头钻钢料时，切削速度 v 一般为 0.3 ~ 0.6 m/s；钻铸铁脆硬材料时，切削速度 v 应稍低些。

② 用卡盘安装好工件，车出端面，端面应无凸台。精度要求较高的孔，可在端面先钻出中心孔来定心引钻。

③ 装好钻头，拉近尾架并锁紧，转动尾架手轮进行钻削。无中心孔而直接钻的孔，当钻头接触工件开始钻孔时，用力要小并要反复进退，直到钻出较完整的锥坑，且钻头抖动

较小方可继续钻进,以防钻头的引偏。钻孔过程中进给速度要均匀,进给量大小要合理,过大容易折断钻头,过小容易造成切屑堵塞在钻头的螺旋槽内。钻较深的孔时,钻头要经常退出,以利排屑。孔即将钻通时,要放慢进给速度,以防窜刀。钢料钻孔时一般要加冷却液进行冷却。

④ 钻孔时可用钢尺测量尾架套筒在钻孔前和钻孔时的伸出长度来控制钻孔深度,如图 3.8 所示。

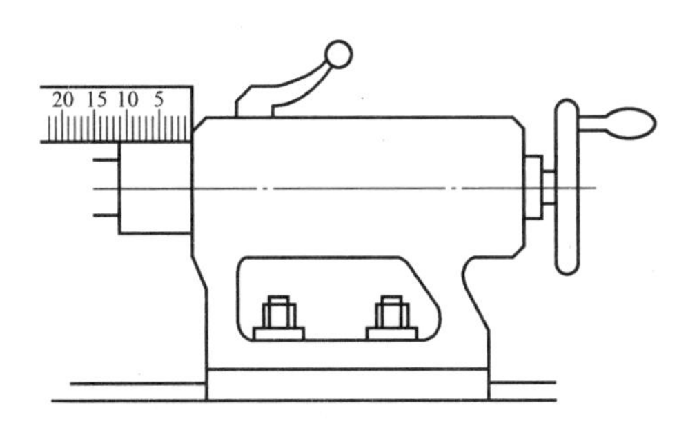

图 3.8　孔深的控制方法

二、螺纹的形成和分类

1. 螺纹的形成

螺纹的形成原理如图 3.9 所示,用一直角三角形围绕圆柱体旋转一周,斜边在圆柱表面上形成的曲线,称为螺旋线。沿螺旋线所形成的、具有相同截面的连续凸起和沟槽称为螺纹。使用不同形状的车刀沿上述螺旋线可切制出不同种类牙形的螺纹。

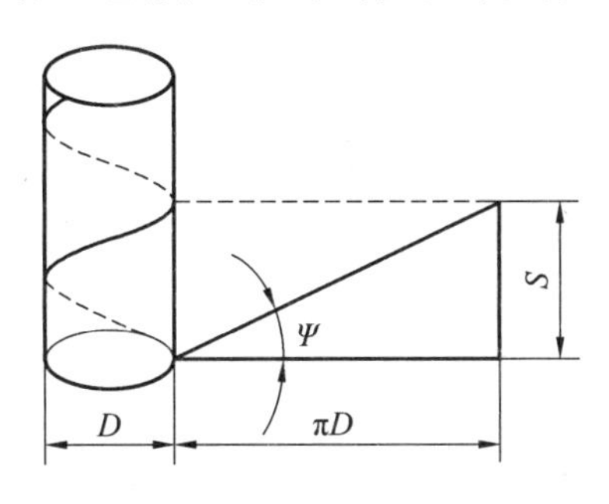

图 3.9　螺纹的形成原理

2. 螺纹的分类

螺纹的种类很多,按形成螺旋线的形状可分为圆柱螺纹和圆锥螺纹;按用途不同可分为联接螺纹和传动螺纹;按牙型特征可分为三角形螺纹、管螺纹、矩形螺纹、梯形螺纹和锯齿形螺纹,如图 3.10 所示;按螺旋线的旋向可分为右旋螺纹和左旋螺纹;按螺旋线的线数可分为单线螺纹和多线螺纹,如图 3.11 所示。

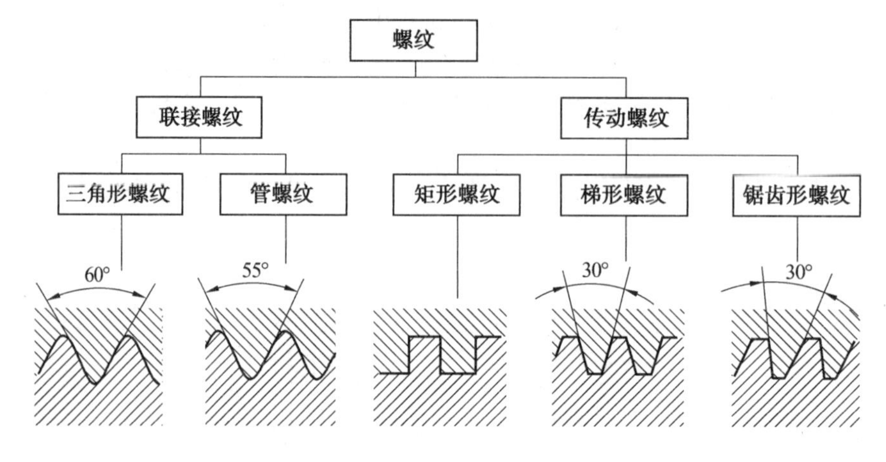

图 3.10　螺纹按牙型特征分类

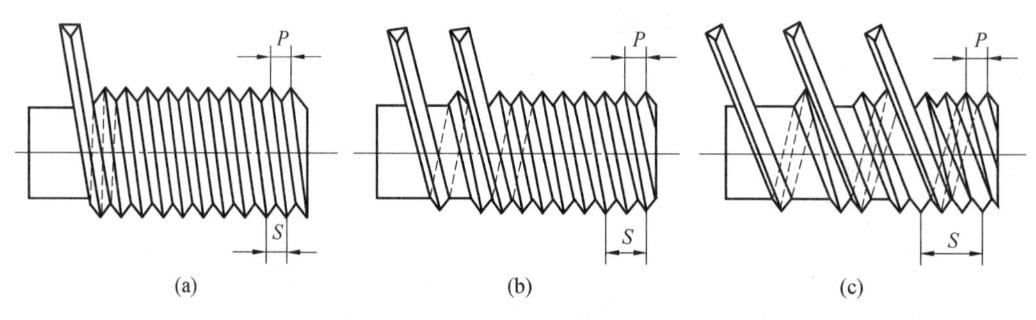

图 3.11　单线螺纹和多线螺纹

三、三角螺纹要素及各部分名称

螺纹要素由牙型、公称直径、螺距、线数、旋向和精度组成。三角螺纹的各部分名称如图 3.12 所示。

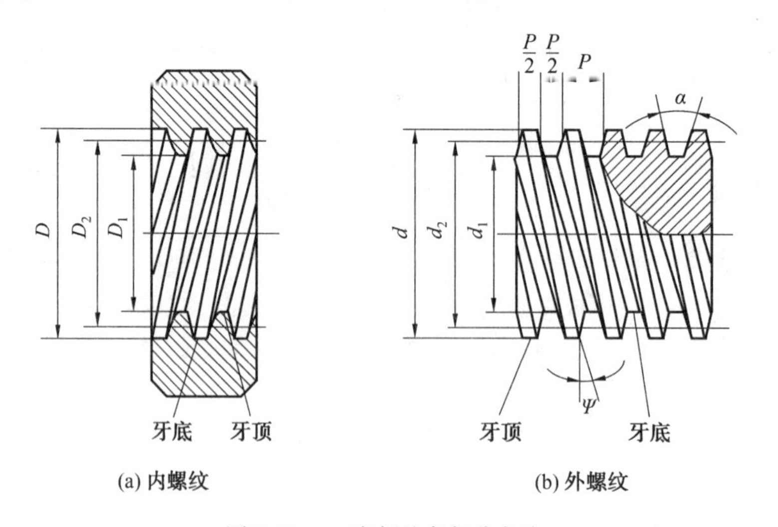

图 3.12　三角螺纹各部分名称

(1) 牙型角(α)：它是在螺纹牙型上,两相邻牙侧间的夹角。

(2) 螺距(P)：是相邻两牙在中径线对应两点间的轴向距离。

(3) 导程(L)：是在同一条螺旋线上相邻两牙在中径线上对应两点间的轴向距离。

当螺纹为单线螺纹时,导程与螺距相等($L = P$)；当螺纹为多线时,导程等于螺旋线数(n)与螺距(P)的乘积,即$L = nP$。

(4) 螺纹大径(d、D)：是指与外螺纹牙顶或内螺纹牙底相切的假想圆柱或圆锥的直径。外螺纹大径用d表示,内螺纹大径用D表示。国家标准规定,螺纹大径的基本尺寸称为螺纹的公称直径,它代表螺纹尺寸的直径。

(5) 螺纹中径(d_2、D_2)：中径是一个假想的圆柱或圆锥的直径,该圆柱或圆锥的素线通过牙型上沟槽和凸起宽度相等的地方,该假想圆柱或圆锥称为中径圆柱或中径圆锥。外螺纹中径用d_2表示,内螺纹中径用D_2表示。相互配合的一套螺纹,它的外螺纹的中径和内螺纹的中径相等,即$d_2 = D_2$。

(6) 螺纹小径(d_1、D_1)：小径是与外螺纹牙底或内螺纹牙顶相切的假想圆柱或圆锥的直径。外螺纹的小径用d_1表示,内螺纹的小径用D_1表示。

(7) 顶径：与外螺纹或内螺纹牙顶相切的假想圆柱或圆锥的直径,即外螺纹的大径或内螺纹的小径。

(8) 底径：与外螺纹或内螺纹牙底相切的假想圆柱或圆锥的直径,即外螺纹的小径或内螺纹的大径。

四、螺纹车刀

1. 螺纹车刀材料的选择

常用的螺纹车刀材料有高速钢和硬质合金两种。高速钢螺纹车刀容易磨得锋利,而且韧性较好,刀尖不易崩裂,车出的螺纹粗糙度较小,但高速钢的耐热性较差,高速车削时易软化。因此,只适用于低速车削螺纹或精车螺纹；硬质合金螺纹车刀的硬度高、耐热性好,但韧性较差,刃磨时容易产生崩裂或崩刃,在高速车削螺纹时使用。

2. 三角形螺纹车刀

高速钢三角形外螺纹车刀的几何形状如图3.13所示,硬质合金外螺纹车刀的几何形状如图3.14所示。在车削螺距较大或硬度较高的螺纹时,在车刀两侧切削刃上应磨出宽度为0.2 ~ 0.4 mm的倒棱。

3. 螺纹车刀的安装

在车削螺纹时,其刀具在刀架上的安装位置必须正确,刀尖高度与工件的轴线应等高,并且两个切削刃的角平分线必须与工件的轴线相垂直。在安装时,为了保证车刀与工件的相对位置,可采用对刀样板来调整螺纹车刀的安装位置,如图3.15所示。

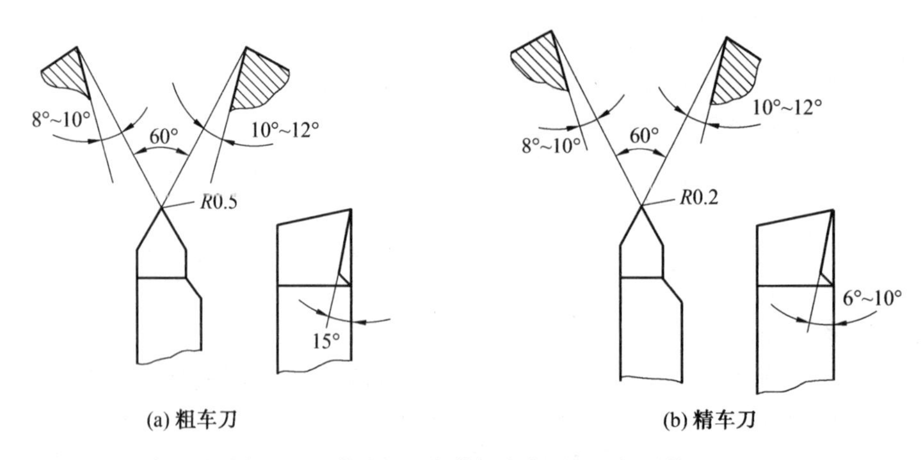

图 3. 13　高速钢三角外螺纹车刀的几何形状

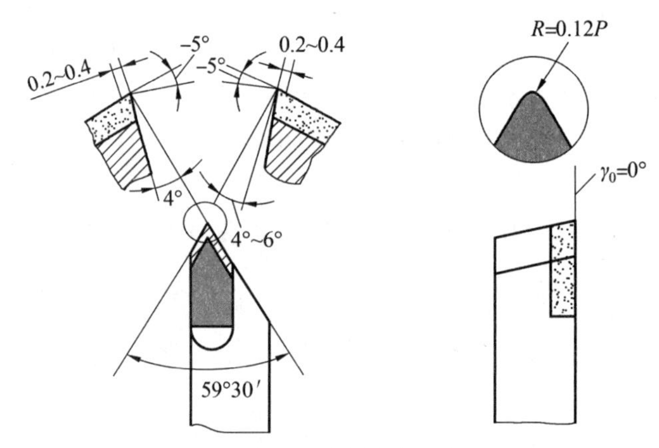

图 3. 14　硬质合金外螺纹车刀的几何形状

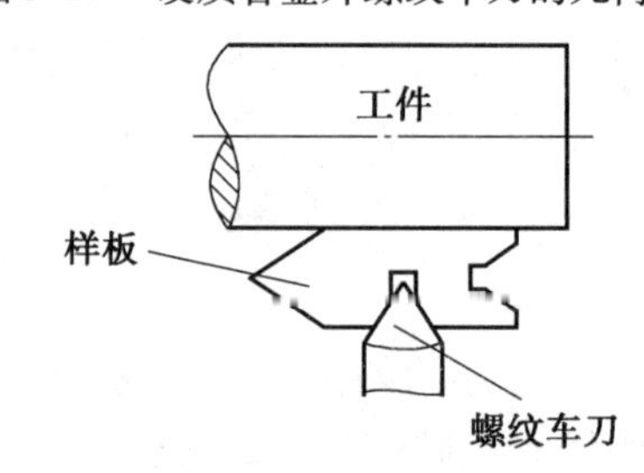

图 3. 15　对刀样板

五、螺纹车刀的传动路线及调整方法

在车削螺纹时，其传动路线与一般车削加工时的传动线路有所不同。在一般车削加工中，车床的传动线路为：电机→主轴箱→挂轮箱→进给箱→光杠→溜板箱→刀架。

在车制螺纹时，由于主轴与刀架之间应保证严格的运动关系，即主轴带动工件转动一周，刀具应移动被加工螺纹的一个导程。为了保证这种传动关系，采用的传动路线：电机→主轴箱→挂轮箱→进给箱→丝杠→开合螺母→溜板箱→刀架。

在车制螺纹前，一般可按如下步骤进行调整：

（1）从图纸或相关资料中查出所需加工螺纹的导程，并在车床的铭牌上找到相应的导程,读取相应的交换齿轮的齿数和手柄位置。

(2) 根据铭牌上标注的交换齿轮的齿数和手柄位置,进行交换和调整。

(3) 在车削螺纹时,合上开合螺母。

六、三角形螺纹车削方法

车削三角形螺纹的加工方法有低速车削和高速车削两种。低速车削使用高速钢螺纹刀,切削速度小于3 ~ 5 m/min,其车制的螺纹精度高、表面粗糙度小,但加工效率低。高速车削使用硬质合金螺纹车刀,切削速度选在50 ~ 100 m/min,加工精度和表面粗糙度比低速车削低,但加工效率高。车制螺纹时,要保证螺纹的牙型角 α、螺距 P、螺纹中径 d_2 等。因此在车削时,牙型角 α 靠车刀来保证,螺距 P 用车床的传动来保证,中径 d_2 通过多次车削来控制。下面以车削外螺纹为例具体介绍螺纹的车削方法。

1. 低速车削三角形螺纹的步骤

(1) 先车出外圆。由于车螺纹时,车刀的挤压作用会使工作尺寸增大,因此,在低速车削螺纹时,外圆尺寸应车削得稍微小一点,其尺寸一般取螺纹大径的下偏差。

(2) 正确安装好螺纹车刀。

(3) 调整车床的传动路线。应特别指出,车削螺纹时,车刀必须用丝杠带动才能保证螺距的正确。车螺纹前还应把中、小拖板的导轨间隙调小,以利于车削。

(4) 开车对刀,记下刻度盘读数,然后先向后,再向右退出车刀,如图 3. 16(a) 所示。

(5) 进刀到对刀时的刻度盘读数,合上开合螺母,在工件表面车削出一条螺旋线,横向退出车刀,停车,如图 3. 16(b) 所示。

(6) 开反车,使车床反转,向右退回车刀,停车后用钢尺检验螺距是否正确,如图 3. 16(c) 所示。

(7) 在(4) 中所记下的刻度基础上,利用刻度盘调整切削深度,开车使车床正转进行切削,如图 3. 16(d) 所示。

(8) 车削将至行程终了时,应做好停车准备,先逆时针快速转动中拖板手柄再停车,开反车退回车刀,如图 3. 16(e) 所示。

(9) 再次调整切削深度,继续加工,切削路线如图 3. 16(f) 所示。直至加工到所需尺寸。

2. 低速车削三角螺纹的注意事项

(1) 车削螺纹时,由于车刀由丝杠带动,移动速度快,操作时的动作要熟练,特别是车削到行程终了时的退刀、停车,动作一定要迅速,否则容易造成超程车削或撞刀。 操作时,左手操作正反转手柄, 右手操作中拖板刻度手柄。 停车退刀时, 右手先快速退刀, 紧接着左手迅速停车, 两个动作几乎同时完成。 为了保证安全,操作时注意力要高度集中,车削时应两手不离手柄。

(2) 车削螺纹过程中,开合螺母合上后,不可随意打开,否则每次切削时,车刀难以对准已切出的螺纹槽内,即出现乱扣现象。换刀时,可先合上开合螺母,当丝杠转动一圈以上,停车,转动小拖板的刻度盘手柄,把车刀对回已切出的螺纹槽上,以防乱扣。

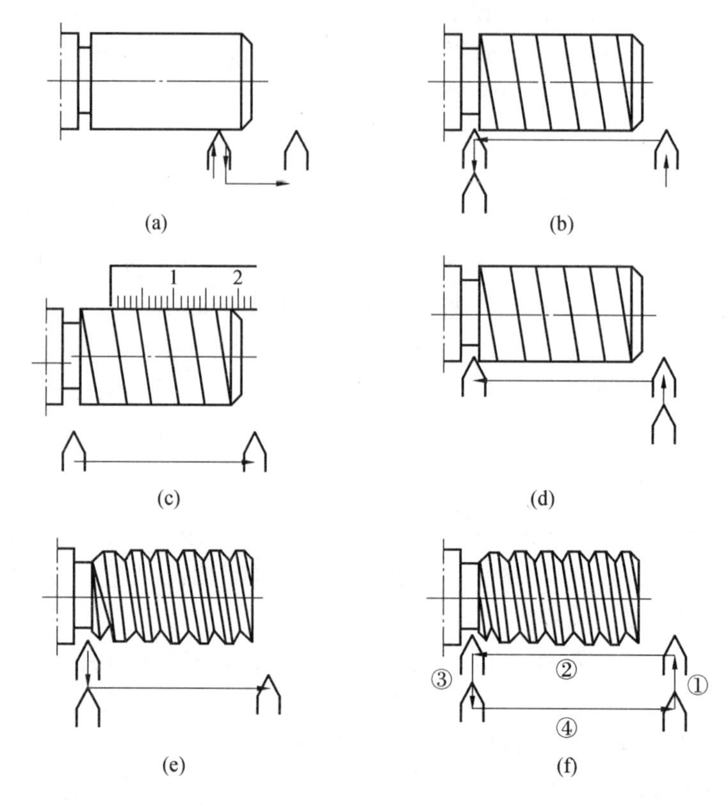

图 3.16　低速车削三角螺纹

3. 螺纹车削的进刀方法

(1) 切削深度的控制。螺纹的总切削深度由螺纹高度 h 决定,可用中拖板上的刻度,初步车到接近螺纹的总切削深度,再对螺纹进行检测,逐步车削到所需尺寸。粗车时每次的切削深度为 0.15 mm 左右,精车时每次的切削深度为 0.02 ~ 0.05 mm 左右。

(2) 进刀方向。车削螺纹时,可用中拖板和小拖板上的刻度手柄进刀,一般有 3 种方法,如图 3.17 所示。

图 3.17　螺纹车削的进刀方法

① 直进法:操作中拖板上的手柄,使车刀直接横向进刀。使用这种方法进刀时,车刀的双面切削刃同时参与切削,切削力较大, 容易产生扎刀现象,允许的切削深度很小, 适用于车削螺距较小的螺纹。

② 单面斜进法:除中拖板横向进刀外,还需要用小拖板在纵向上微量进刀。如此往复切削,车刀只有一个刀刃参与加工,使排屑容易,切削省力,切削深度可以大一些,适用于粗车。

③ 左右交替进刀法: 在横向进刀的同时,操作小拖板,使其在纵向向左或向右微量进刀,多次重复进行,直到把螺纹车好。加工特点与单面斜进法相似,常用于深度较大螺纹的粗车。

4. 高速车削三角形螺纹

使用硬质合金车刀高速车削三角形螺纹时,为了防止切削拉毛牙侧,只能采用直进法。对于普通的中碳钢、合金结构钢材,一般只要切削 3 ~ 5 次就可完成螺纹的切削。切削时切削深度应逐渐减少,但最后一次切削深度不要小于 0. 1 mm。高速车削三角形螺纹时,一般采用弹性刀杆,如图 3. 18 所示,可防止振动和扎刀现象。同时应注意高速车削三角形螺纹时,由于切削速度快,退刀时动作应更加迅速,以防撞刀。

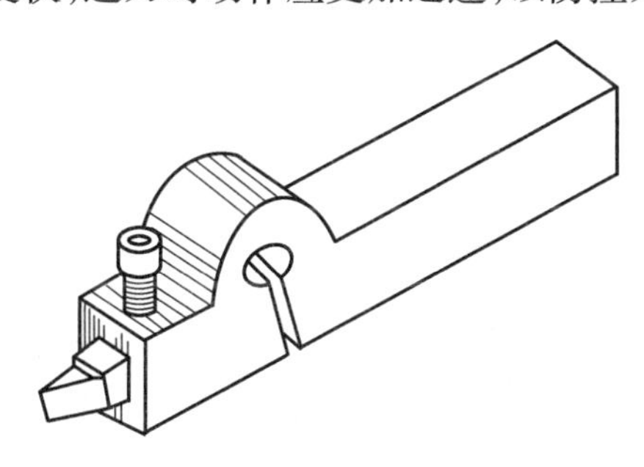

图 3. 18　采用弹性刀杆的硬质合金车刀

5. 三角形螺纹的测量

三角形螺纹常用的测量方法有单项测量和综合测量两类。单项测量是用量具测量螺纹几何参数中的某一项, 主要有顶径测量、螺距测量、中径测量。 综合测量是对螺纹的各项几何参数进行综合性测量,主要用量规测量。

(1) 单项测量。

① 顶径测量:用游标卡尺或千分尺测量螺纹的顶径。

② 螺距测量:螺距一般用螺距规进行测量。在测量时,可取螺距规中的某一片,平行螺纹轴线方向嵌入牙槽中,如能正确啮合,则说明该片上所标的螺距即为所测螺纹的螺距。图 3. 19 所示用螺距规测量螺距。

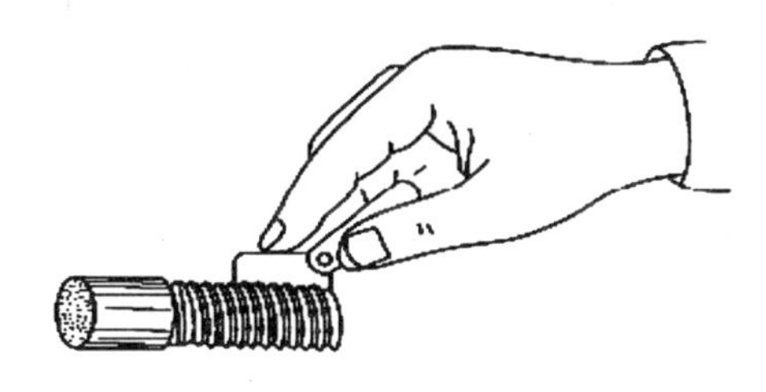

图 3. 19　用螺距规测量螺距

③ 中径测量:三角形螺纹的中径可用螺纹千分尺来测量,如图 3. 20 所示。螺纹千分尺的结构和使用方法与一般千分尺相似。 螺纹千分尺的两个测量头可以调换。 在测量时,换上与被测螺纹有相同牙型角的测量头,所得的千分尺的读数即为该螺纹的中径。

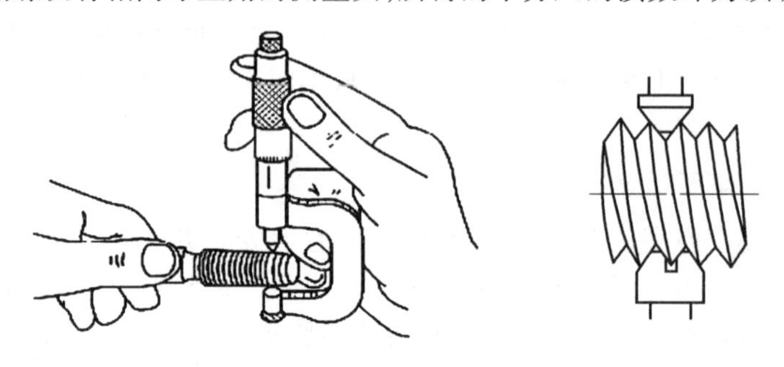

图 3. 20　螺纹千分尺测量螺纹中径

(2) 综合测量。

综合测量主要使用量规测量。螺纹量规如图 3. 21 所示,有环规与塞规。环规用于测外螺纹。塞规用于测内螺纹。在测量时,如果过端能进,而止端不能过,则所加工的螺纹是合格的。

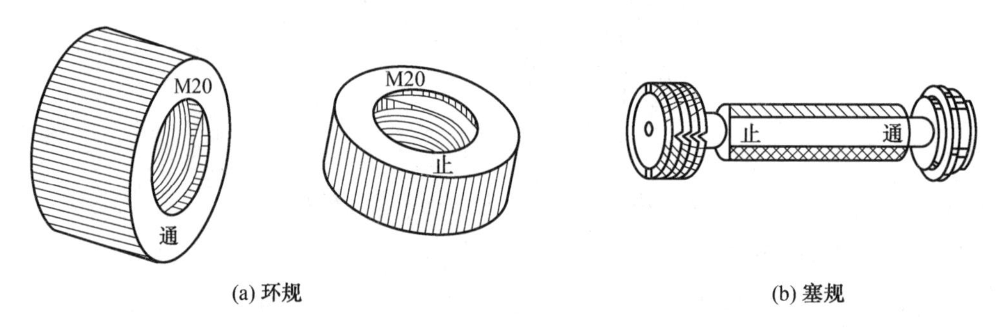

(a) 环规　　(b) 塞规

图 3. 21　螺纹环规与塞规

七、滚花的加工工艺

有些工具和零件的捏手部分为增加其摩擦力,便于使用或使之外表美观,通常对其表面在车床上滚压出不同的花纹,称之为滚花。

1. 滚花的种类

滚花的花纹有直纹和网纹(图 3. 22) 两种。滚花刀有单轮、双轮和六轮三种,其中双轮滚花刀(图 3. 23) 最常用。花纹有粗细之分,一般采用模数 m 表示,模数越大,花纹越粗。也有的滚花刀包装显示的是节距 P,节距与模数的关系是$P = \pi m$。

图 3.22　网纹滚花

图 3.23　双轮滚花刀

2. 滚花方法

由于滚花过程是用滚轮来滚压被加工表面的金属层,使其产生一定的塑性变形而形成花纹的,所以,滚花时产生的径向压力很大。

滚花前,应根据工件材料的性质和滚花节距 P 的大小,将工件滚花表面车小至 $(0.8 \sim 1.6)m$ 毫米,其中 m 为模数。

滚花刀装夹在车床的刀架上,并使滚花刀的装刀中心与工件回转中心等高。滚压有色金属或滚花表面要求较高的工件时,滚花刀的滚轮表面与工件表面平行安装,如图 3.24(a) 所示。滚压碳素钢或滚花表面要求一般的工件,滚花刀的滚轮表面相对于工件表面向左倾斜 3° ~ 5° 安装,如图 3.24(b) 所示。这样操作便于滚花刀切入且不易产生乱纹。

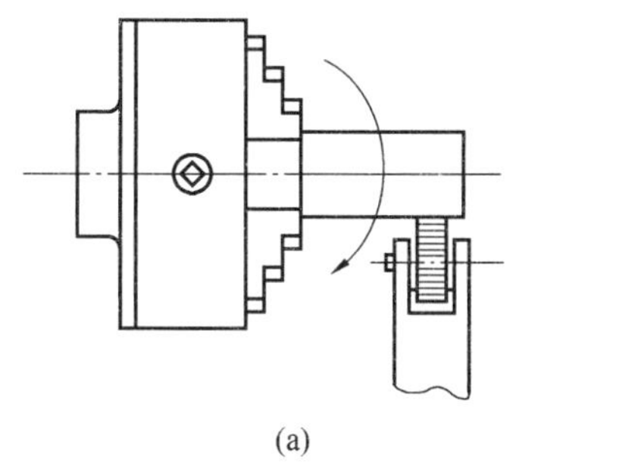

(a)

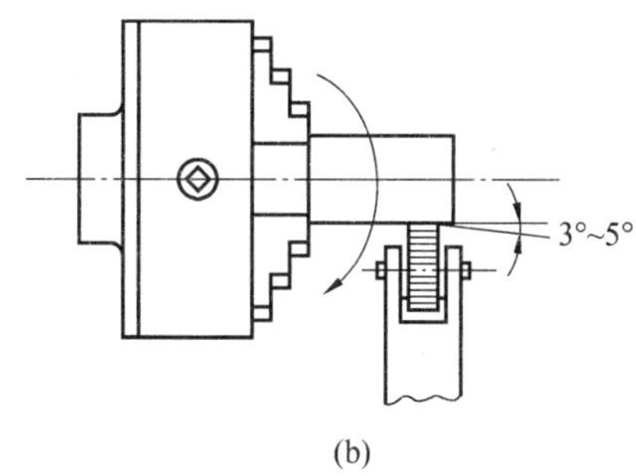

(b)

图 3.24　滚花刀安装

3. 滚压注意事项:

(1) 开始滚压时,必须使用较大的压力进刀,使工件刻出较深的花纹,否则易产生乱纹。

(2) 为了减小开始滚压的径向压力,可以使滚轮表面约 1/2 ~ 1/3 的宽度与工件接触(图 3.25)。这样滚花就容易压入工件表面。在停车检查花纹符合要求后,即可纵向机动进刀。如此反复滚压 1 ~ 3 次,直至花纹凸出为止。

(3) 滚花时,切削速度应选低一些,一般为 5 ~ 10 m/min。纵向进给量选大一些,一般为 0.3 ~ 0.6 mm/r。

(4) 滚压时还须浇注切削油以润滑滚轮,并经常清除滚压产生的切屑。

(5) 车削带有滚花表面的工件时,通常在粗车后进行滚花,然后校正工件在精车其他

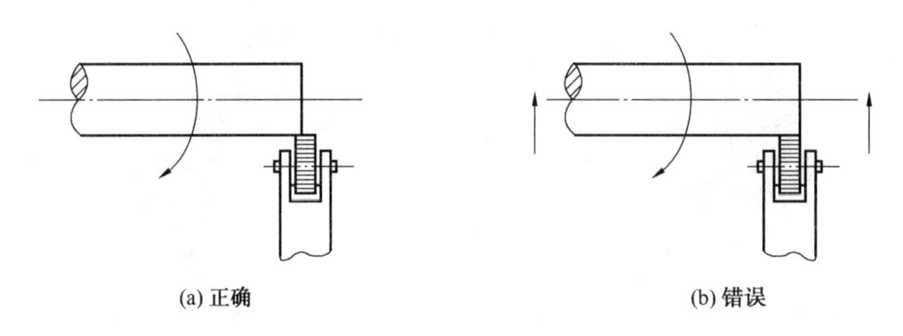

图 3.25　滚花刀的横向进给位置

部位。

(6) 车削带有滚花表面的薄壁套类工件时，应先滚花，再钻孔和车孔，以减少工件的变形。

(7) 滚直花纹时，滚花刀的齿纹必须与工件轴线平行，否则滚压出的花纹不平直。

Ⅱ. 工艺路线分析

1. 加工刀具与切削用量的选择

千斤顶加工选择的刀具主要有外圆车刀、切断刀、螺纹车刀、麻花钻等，具体选择见表 3.1。

表 3.1　千斤顶加工刀具

序　　号	刀具规格	
	类 型	材 料
1	90° 外圆车刀	硬质合金
2	切断刀	硬质合金
3	M 0.4 滚花刀	高速钢
4	螺纹车刀	高速钢
5	麻花钻(ϕ 20、ϕ 8.5)	高速钢

千斤顶底座和顶尖的切削用量见表 3.2 和 3.3。

表 3.2　千斤顶底座切削用量选择

序号	加工内容	切削深度 a_p/mm	进给量 f/(mm · r^{-1})	转速 n/(r · min^{-1})
1	平端面	0.3	—	450
2	钻中心孔	—	—	800
3	钻 ϕ 20 孔	—	—	300
4	钻 ϕ 8.5 孔	—	—	450
5	粗车外圆	2	0.3	450
6	粗车锥面	1	—	450
7	精车外圆	0.1	0.15	800
8	精车锥面	0.1	—	800
9	车内螺纹	—	—	300

表 3.3　千斤顶顶尖切削用量选择

序号	加工内容	切削深度 a_p/mm	进给量 f/(mm · r^{-1})	转速 n/(r · min^{-1})
1	平端面	0.3	—	450
2	粗车外圆	2	0.3	450
3	车槽	5	—	450
4	滚花	—	0.3	50
5	车外螺纹	—	—	300

2. 加工工艺规程的制定

千斤顶的加工工艺规程见表 3.4。

表 3.4　千斤顶的加工工艺规程

<table>
<tr><td colspan="2">零件名称</td><td>材料</td><td>数量</td><td>毛坯种类与尺寸</td></tr>
<tr><td colspan="2">顶尖</td><td>45 号钢</td><td>1</td><td>圆 钢　ϕ 35 mm × 120 mm</td></tr>
<tr><td>工序</td><td>设备</td><td colspan="2">装夹方式</td><td>加工内容</td></tr>
<tr><td rowspan="5">1</td><td rowspan="5">CA 6140</td><td colspan="2" rowspan="5">三爪自定心卡盘
(顶尖加工)</td><td>平端面、粗车外圆 ϕ 14 mm × 65 mm</td></tr>
<tr><td>车槽</td></tr>
<tr><td>滚花</td></tr>
<tr><td>倒角、车螺纹</td></tr>
<tr><td>切断</td></tr>
<tr><td rowspan="4">2</td><td rowspan="4">CA 6140</td><td colspan="2" rowspan="4">三爪自定心卡盘
(底座加工)</td><td>平端面,钻 ϕ 20 mm 孔,粗、精车大端外圆 ϕ 39 mm × 8 mm</td></tr>
<tr><td>调头,平端面,钻 ϕ 8.5 mm 孔,粗车小端外圆</td></tr>
<tr><td>粗、精车锥面</td></tr>
<tr><td>倒角、车螺纹(或攻螺纹)</td></tr>
<tr><td rowspan="2">3</td><td rowspan="2">CA 6140</td><td colspan="2" rowspan="2">三爪自定心卡盘
(顶尖加工)</td><td>将顶尖旋入底座</td></tr>
<tr><td>粗车顶尖锥面,精车顶尖锥面</td></tr>
</table>

Ⅲ. 知识拓展

一、攻螺纹和套螺纹

1. 攻螺纹

(1) 丝锥。

攻螺纹是用丝锥切削内螺纹的一种方法。丝锥(图 3.26) 是用来加工内螺纹的工具,用丝锥加工内螺纹又称为攻丝。丝锥一般是用高速钢制成的一种成形多刃刀具,可以加工车刀无法车削的小直径内螺纹,而且操作方便,生产效率高,工件互换性好。

图 3.26　丝锥

丝锥一般可以分为机用丝锥和手用丝锥两种,手用丝锥通常两个一组,可以把它们称为1锥和2锥,在丝锥的柄部通常标有罗马字母Ⅰ和Ⅱ,可以据此分辨1锥和2锥。操作时根据螺纹的大小先用对应的1锥攻出螺纹的轮廓,结束后再用对应的2锥把螺纹加工的更圆滑,使螺丝能够轻易地配合拧进去。

(2) 攻螺纹前的准备。

在加工内螺纹时,预加工孔的直径要按公式 $D_{孔}=d-P$ 的尺寸进行加工,其中 $D_{孔}$ 表示预加工孔的直径,d 表示螺纹大径,P 表示螺距。

另外攻螺纹前应在孔口要倒角,以便于丝锥的旋入。

(3) 攻螺纹的方法。

加工单件时,在车床上可以采用手工攻螺纹。小批量生产时,可以使用攻螺纹工具进行攻丝,攻螺纹工具如图3.27所示。

使用攻螺纹工具时,先将工具锥柄装入尾座锥孔中,再将丝锥装入攻螺纹夹具中,然后移动尾座至工件附近处固定。攻螺纹时,低速开车并浇注切削液,缓慢地摇动尾座手轮,使丝锥切削部分进入工件孔内,当丝锥已切入几牙后,停止摇动手轮,让丝锥工具随丝锥进给,当攻至所需的尺寸时,迅速开倒车退出丝锥。

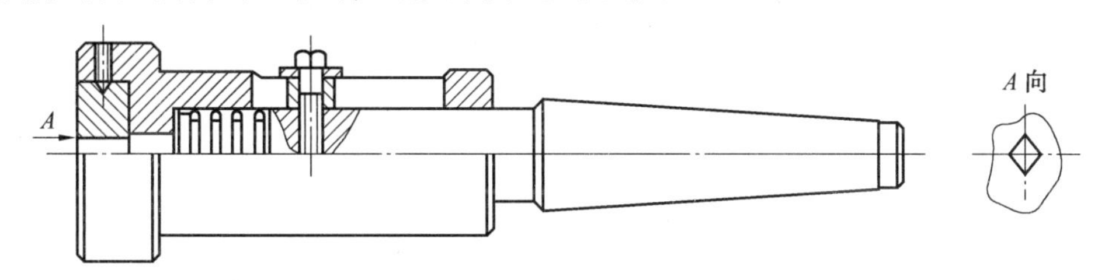

图3.27　攻螺纹工具

2. 套螺纹

(1) 板牙。

板牙是用来加工外螺纹的工具,使用板牙加工外螺纹又称为套扣。使用板牙加工外螺纹操作简便,生产率高。板牙是一种标准的多刃螺纹加工工具,如图3.28所示。

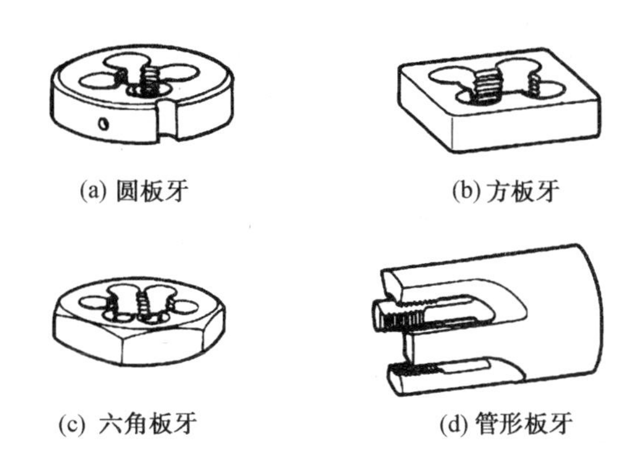

(a) 圆板牙　(b) 方板牙

(c) 六角板牙　(d) 管形板牙

图3.28　板牙

板牙像一个圆螺母,其两侧的锥角是切削部分,因此反、正都可以使用,中间有完整的齿深为校正部分。

（2）套螺纹前的准备。

套螺纹前，工件外圆比螺纹的公称尺寸略小，一般采用公式 $D_0 = d - 0.13P$，其中 D_0 表示预加工轴的外圆直径，d 表示螺纹大径，P 表示螺距。

（3）套螺纹的方法。

套螺纹的方法可以采用车床上手工套螺纹或采用螺纹套管。采用螺纹套管时，如图 3.29 所示，先将套管 1 的锥柄部装在尾座套筒锥孔内。然后将板牙 4 装入滑动套筒 2 内，待螺钉 3 对准板牙上的锥坑后拧紧。将尾座移到接近工件一定距离固定，移动尾座手轮，使板牙靠近工件端面。然后开动车床和冷却液。再转动尾座手轮使板牙切入工件，当板牙进入到所需要的位置时，开反车使主轴反转，退出板牙。销钉 5 用来防止滑动套筒在切削时转动。

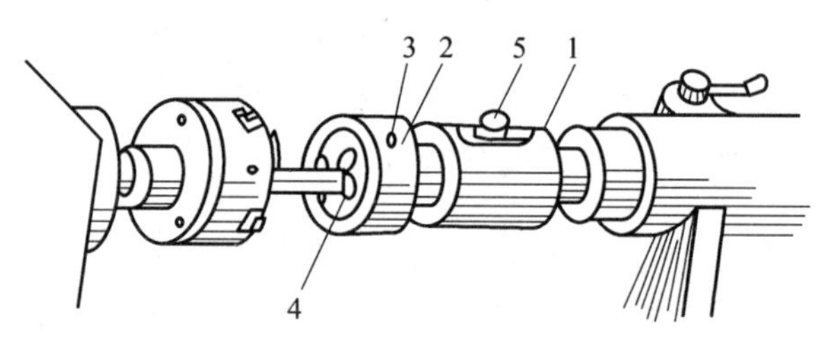

图 3.29　在车床上套螺纹

1— 套管；2— 滑动套筒；3— 螺钉；4— 板牙；5— 销钉

二、梯形螺纹车刀

梯形螺纹车削时，由于径向切削力很大，在提高螺纹质量的前提下，可分为粗车与精车两道工序。

1. 高速钢梯形螺纹粗车刀

高速钢梯形螺纹粗车刀几何形状如图 3.30 所示，为了适应粗加工的需要，高速钢梯形螺纹粗车刀应具有以下特点：

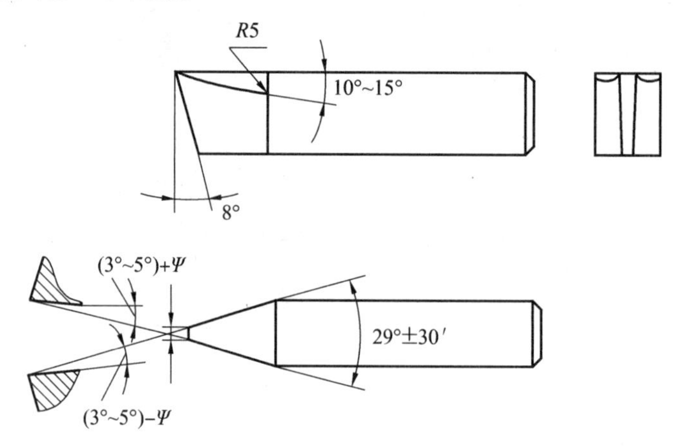

图 3.30　高速钢梯形螺纹粗车刀

(1) 车刀的刀尖角应略小于牙型角。

(2) 为了便于左右切削并留有精车余量,刀头宽度应小于螺纹槽底宽。

(3) 切削钢料时,应磨有 10° ~ 15° 纵向前角。

(4) 纵向后角取 6° ~ 8°。

(5) 刀尖处应适当倒圆。

2. 高速钢梯形螺纹精车刀

如图 3.31 所示为高速钢梯形螺纹精车刀的几何形状。为了便于低速精加工,高速钢梯形螺纹精车刀的刀尖角应等于牙型角,刀刃要平直且表面粗糙度要小。为了切削顺利,两侧切削刃都要磨有较大前角(15° ~ 20°) 及卷屑槽。

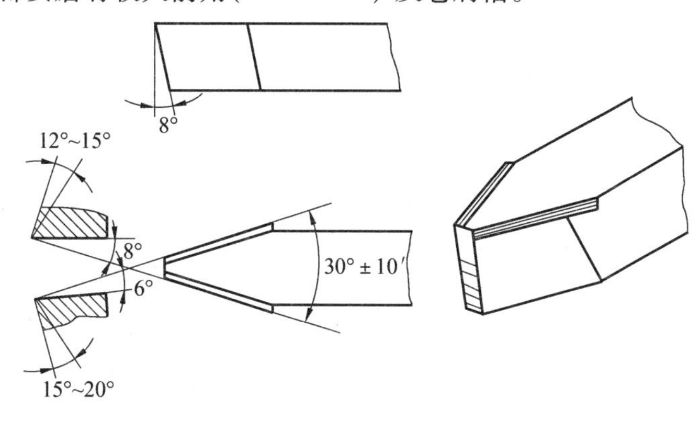

图 3.31　高速钢梯形螺纹精车刀

3. 硬质合金梯形螺纹车刀

如图 3.32 所示为硬质合金梯形螺纹车刀的几何形状。为了提高生产率,在加工一般精度的梯形螺纹时,可采用硬质合金梯形螺纹车刀进行高速切削。 但是高速切削时,切削力比较大,容易引起振动,并且前刀面为平面时,切屑呈带状流出,切屑易缠绕在工件或刀具上。为解决这一问题,必须在硬质合金梯形螺纹车刀的前刀面上磨出两个对称的内凹圆弧。

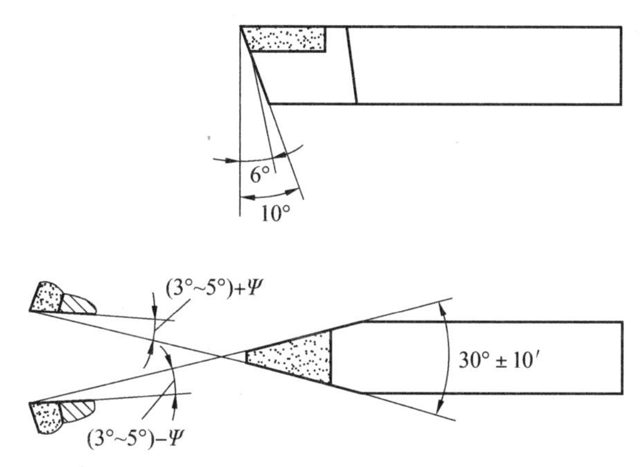

图 3.32　硬质合金梯形螺纹车刀

三、多线螺纹车削方法

1. 车多线螺纹时的分线方法

多线螺纹的各螺旋线是沿轴向等距分布的。在车削过程中，解决等距分布问题称为分线（也称分头）。如果各条螺旋线等距分布误差过大,就会使所加工的多线螺纹螺距不等,出现废品。多线螺纹的分线方法有轴向分线法和圆周分线法两类。

（1）轴向分线法。

轴向分线法是在车好一条螺旋槽之后，把车刀沿螺纹轴线方向移动一个螺距,再车第二条螺旋槽。这种方法只要精确测量出车刀移动的距离,就可以达到分线目的。

① 利用小滑板刻度分线:在移动小滑板分线时，先把小滑板导轨校正到与工件轴线平行,在车好一条螺旋槽后,通过小滑板的刻度,把小滑板向前或向后移动一个螺距,再车第二条螺旋槽。利用这种方法分线比较简单,不需其他辅助工具就可进行,但不易达到较高的分线精度。

② 利用百分表和量块分线:对等距精度要求较高的螺纹分线时,可采用这种方法。先把百分表固定在刀架上,并在床鞍上装一个固定挡块,在车削第一条螺旋槽前,移动小滑板,使百分表触头与挡块接触,并把百分表调至零位。当车好第一条螺旋槽后,移动小滑板,使百分表指示的读数正好等于螺距,然后再车第二条螺旋槽。当多线螺纹的螺距较大时,可在百分表与挡块之间放入一个量块,量块的长度应等于工件的螺距。加入量块后,百分表的指针应为零，如图 3. 33 所示。采用此种方法分线精度较高,但由于车削时振动,易使百分表走动,故在使用时,应经常校正百分表的零位。

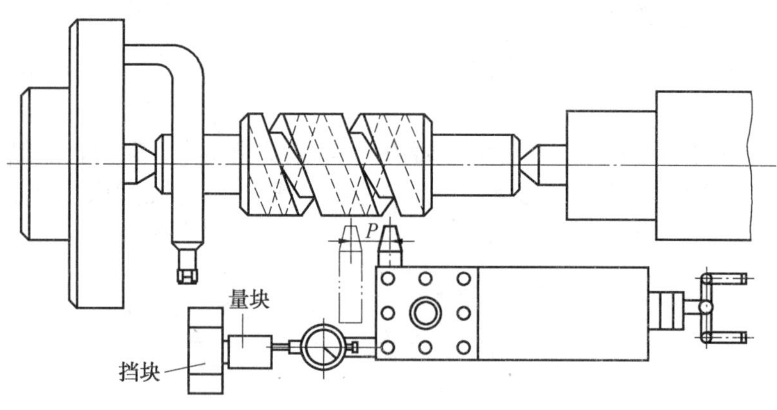

图 3. 33　百分表和量块分线法

（2）圆周分线法。

螺旋线在轴的截面上是等距均布的,即螺旋线之间的圆周角是相等的。并对整个圆周进行均分,如双线螺纹,两线相隔 180°;三线螺纹,每两线间相隔为 120°。圆周分线法实质就是利用角度进行分线。当车好第一条螺旋槽后,脱开工件与丝杠之间的传动链,并把工件转过一个角度，再合上工件与丝杠之间的传动链,车削另一条螺旋槽,这样依次分线,就可车出多线螺纹。圆周分线法的具体控制方法有以下几点：

① 交换齿轮齿数分线:当交换齿轮的齿数为螺纹线数的整数倍时,可利用交换齿轮

进行分线。当车好第一条螺旋槽后,停车,在交换齿轮 Z_1 上根据螺纹线数进行等分。如 Z_1 的齿数为42,在车削三线螺纹时,在 Z_1 与 Z_2 啮合处作记号3和4,再在离记号3的第14个齿数处作记号1和2,随后,松开交换齿轮架,使 Z_1 与 Z_2 脱开,用手转动主轴,使记号1(或2)对准记号4,再抬起交换齿轮架,使 Z_1 与 Z_2 重新啮合,便可车削加工第二条螺旋槽。车削加工第三条螺旋槽时,按同样方法进行,如图3.34所示。用交换齿轮分线精度较高,但分线数受交换齿轮齿数 Z_1 的限制,操作也比较麻烦,该方法不宜在成批生产中采用。

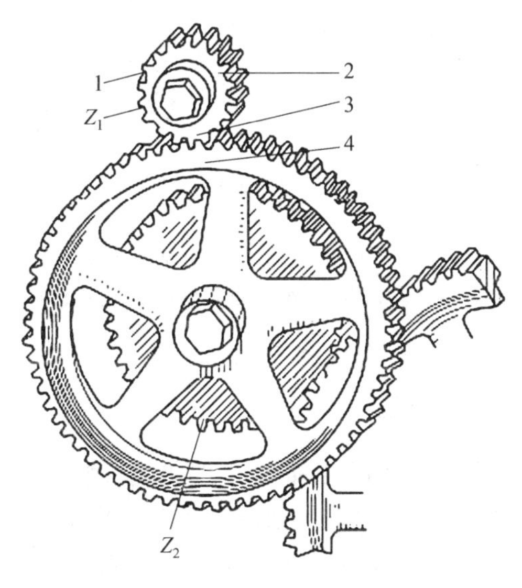

图3.34　交换齿轮分线法

② 利用三、四爪卡盘分线:当车削的多线螺纹工件是在两顶尖之间装夹时,在车好第一条螺旋线后分线时,只需把后顶尖松开,把工件连同鸡心夹头转动一个角度,由卡盘上的另一只卡爪拨动,再顶好后顶尖,就可以车另一条螺旋槽。用这种分度方法进行分线,转过角度的大小是由卡盘卡爪间的角度决定的,所以三爪卡盘可对三线螺纹进行分线,四爪卡盘能对双线或四线螺纹进行分线。这种分线方法简单,但精度较差。

③ 利用分度插盘分线:车多线螺纹的分度插盘如图3.35所示。分度插盘的内螺纹与车床主轴连接,盘上有等分精度很高的分度插孔2(一般有12个等分孔)。车好第一条螺旋槽后,松开螺母3,拔出定位销1,把工件与分度盘4一起旋转一个需要的角度,再把定位销插入另一定位孔中,紧固螺母3,即可开始车削第二条螺旋线了。这种方法分线精度高,操作方便,是一种较理想的分线方法。

2. 车多线螺纹时的注意事项

(1) 车削精度要求较高的多线螺纹时,应把每一条螺旋线都粗车完后,再开始精车。

(2) 在车削每一条螺旋槽时,车刀切入深度应该相等。

(3) 采用左右切削法车螺纹时,为了保证多线螺纹的螺距精度,特别注意车刀的左右轴向移动量应相等。用圆周分线法时,还应注意每条螺旋槽的小滑板刻度盘起始格数应相等。

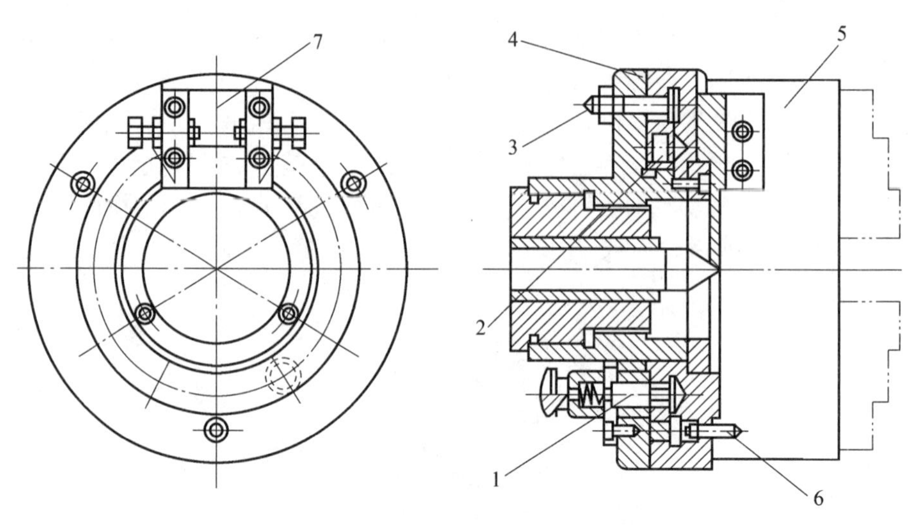

图 3. 35　利用分度插盘分线

1— 定位销;2— 分度插孔;3— 螺母;4— 分度盘;5— 夹具;6— 螺钉;7— 定位块

四、成形面零件的车削方法

机器上有些零件的轮廓线不是直线,而是一种曲线,例如手柄、圆球等。这些由曲线为母线所组成的表面称为成形面。对成形面的要求是形面正确、表面粗糙度小。成形面的加工,可以根据其形状特点、精度高低和批量大小不同等情况,分别采用双手控制法、成形法、仿形法和专用工具等加工方法。

1. 双手控制法车成形面

双手控制法车成形面是一种用双手同时摇动小滑板手柄和中滑板手柄,通过双手协调动作,使车刀的运动轨迹符合工件的表面曲线, 从而加工出所要求的成形面的一种方法, 也是工厂中常见的一种加工方法。 这种方法可以在卧式车床上使用通用刀具和夹具进行, 适用于单件小批量生产或精度要求不高的工件。

车削加工如图 3. 36 所示的手柄时,通常用右手握小滑板手柄、左手握中滑板手柄,或者左手握床鞍手柄、右手握中滑板手柄, 这样通过纵、横进给运动的合成, 使刀具切削点的移动轨迹与工件成形面的曲线相一致,从而加工出成形面。由于曲线各点的斜率是不同的,因此各点所需的横、纵方向的进给速度也是不同的,这就决定了双手操作速度应与加工位置相协调。图 3. 36(a) 车圆球时,车削 a 点附近时,横向进给速度要慢, 纵向进给速度 (朝床尾) 要快;车到 b 点附近时,纵、横进给速度基本相同;车到 c 点时,横向进给速度要快,纵向进给要慢。图 3. 36(b) 车摇手柄时,双手协调动作完成圆球的加工,所以要分析曲面各点的斜率,然后决定中、小滑板的进给速度,使双手摇动手柄的速度配合得当。

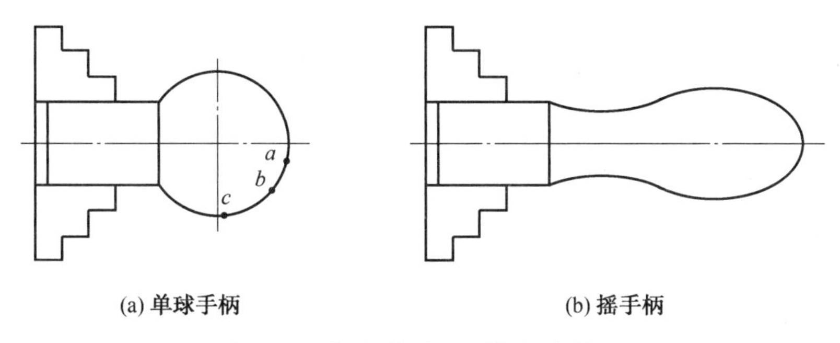

(a) 单球手柄　(b) 摇手柄

图 3.36　单球手柄与摇手柄的车削

2. 成形法车成形面

利用成形刀具对工件表面进行加工的方法称为成形法。它适用于工件上的大圆角、圆弧槽或曲面狭窄,以及工件数量较多、工艺系统刚性较高的场合。切削刃形状与工件成形面母线形状相同的车刀,称为成形刀。成形刀根据其结构形状不同,有普通、菱形、圆形成形刀等,如图 3.37 所示。车削时只需横向进给,由于切削刃与工件的接触长度较大,易引起振动,因此,应采用较小的进给量和较低的切削速度,并应同时使用切削液。

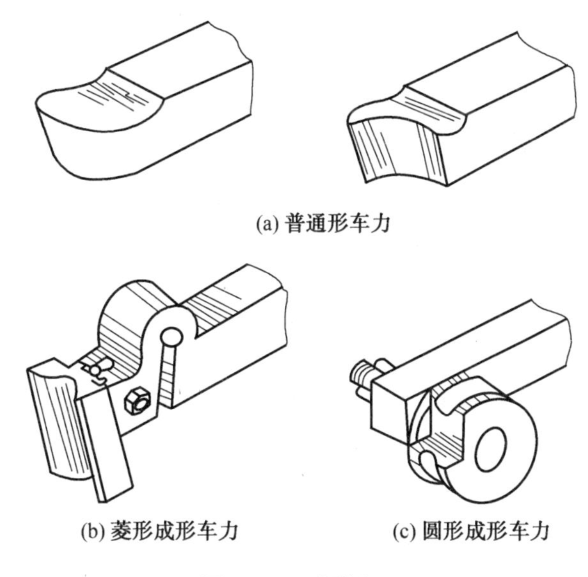

(a) 普通形车力

(b) 菱形成形车力　(c) 圆形成形车力

图 3.37　成形车刀

测　试　题

一、填空题

1. 三角形螺纹分为____________、____________和____________。

2. 综合测量螺纹的量规主要有____________和____________。

3. 成形面的加工，可以根据其形状特点、精度高低和批量大小不同等情况，分别采用____________、____________和____________。

4. 模数 $m = 0.4$ 的网纹滚花刀，其节距为____________。

5. 加工 M10 的内螺纹时，预钻孔时应选择的钻头直径为____________。

二、问答题

1. 螺纹的种类有哪几种？

2. 写出螺纹的牙型、螺距、中径的定义和代号。

3. 低速车削螺纹的进刀方法有哪些？各有哪些优缺点？

4. 简述三角螺纹的检测方法有哪些？

5. 简述滚花的种类，以及模数 m 与节距 P 的关系。

6. 滚花时，产生乱纹的原因是什么？怎样预防？

7. 简述如何使用丝锥和板牙在车床上加工螺纹？

三、实际操作题

1. 车削如题图 3.1 所示的零件。

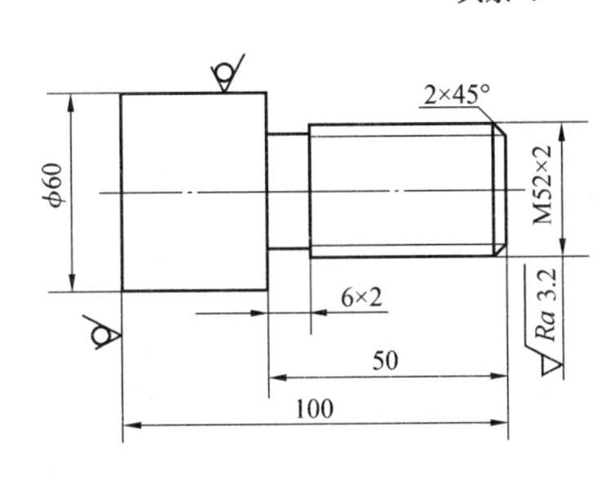

题图 3.1

2. 车削如题图 3. 2 所示的零件。

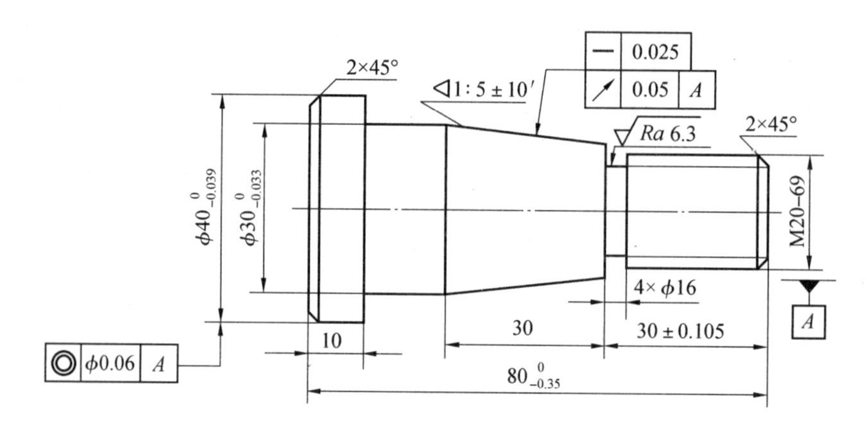

题图 3. 2

3. 车削如题图 3. 3 所示的零件。

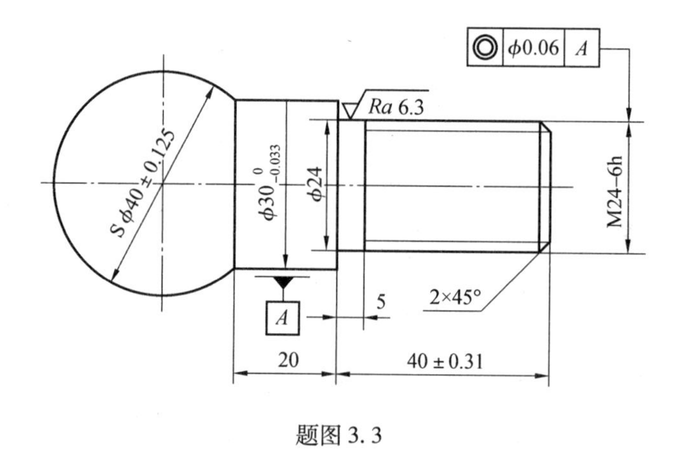

题图 3. 3

学习项目二　铣削的加工任务

任务四　压板的加工

任　务　单

学习领域	普通机械加工 —— 铣削加工
任务描述	压板的加工(图 4.1)
学习目标	1. 熟悉铣床的结构与功能 2. 掌握铣刀的种类和用途 3. 掌握平行面、垂直面、台阶、直角沟槽的加工工艺 4. 熟悉铣床通用夹具 5. 掌握百分表检验垂直度和对称度
项目分析	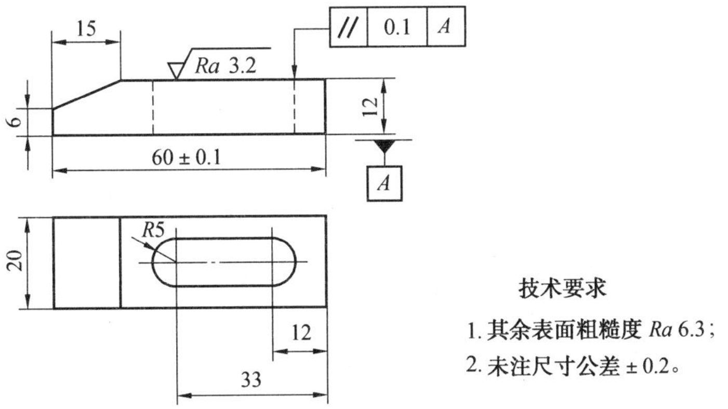15 // 0.1 A Ra 3.2 12 6 60 ± 0.1 A R5 20 12 33 技术要求 1. 其余表面粗糙度 Ra 6.3; 2. 未注尺寸公差 ± 0.2。 图 4.1　压板加工图样
图样分析	压板的铣削加工需要完成铣四方、铣斜面和沟槽。在铣四方的时候要保证压板上、下面的平行度误差小于 0.1 mm,上、下面的粗糙度为 *Ra* 3.2 μm
毛坯准备	采用棒料毛坯,尺寸为 ϕ 26 mm × 62 mm,毛坯材料为 45 号钢,退火状态

知识链接

Ⅰ. 知识与技能

一、铣床简介

铣削是在铣床上使用铣刀对工件进行加工。铣床是机械制造业的重要设备。铣床生产效率高、加工范围广，是一种应用广、类型多的金属切削机床。如图 4.2 所示，铣床可以加工平面（水平面、垂直面、斜面）、沟槽（键槽、T 型槽、燕尾槽等）、齿槽（齿轮、链轮、花键轴等）、螺旋形表面（螺纹、螺旋槽）及各种曲面。此外，它还可用于加工回转体表面和内孔，以及进行切断等工作。

图 4.2　典型铣削方法

铣床使用的铣刀多齿多刃，加工时有数个齿刃参加切削，可采用大的进给量，所以生产率较高。但是，铣刀的每个刀齿的切削过程是断续的，在切入和切离时会造成冲击现象，且铣削时，每个刀齿的切削厚度又是变化的，这就使切削力相应的发生变化，容易引起振动，从而影响铣刀的耐用度和切削速度的提高，降低加工精度，增大表面粗糙度。一般，铣削的经济精度为 IT9 ～ IT10，表面粗糙度 Ra 值为 1.6 ～ 3.2 μm。

1. 铣床型号

《金属切削机床型号编制方法》（GB/T 15375—2008）规定的通用金属切削机床型号由基本部分和辅助部分组成，中间“/” 隔开，读作“之”。基本部分统一管理，辅助部分纳入型号与否由企业自定（图 4.3）。型号构成如下：

机床按其工作原理划分 11 类，具体见表 4.1。机床的类代号，用大写的汉语拼音字母表示，按其相对应的汉字字意读音。例如：铣床的类代号“X” 读作“铣”。

应注意以下几点：

① 有“○” 符号者，为大写的汉语拼音字母。

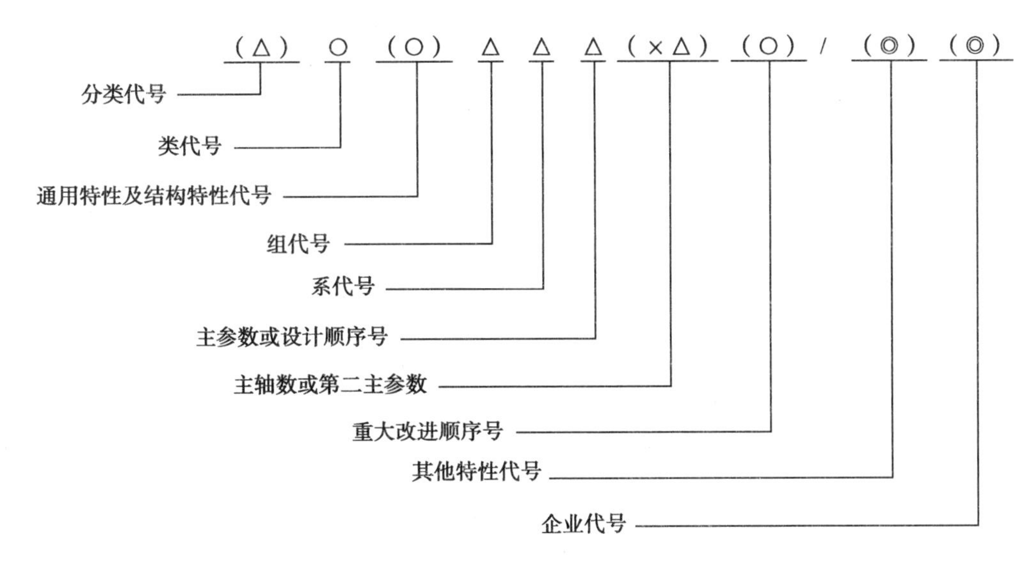

图4.3　机床代号说明

② 有“△”符号者，为阿拉伯数字。

③ 有“(　)”的代号或数字，当无内容时，则不表示；若有内容，则不带括号。

④ 有“◎”符号者，为大写的汉语拼音字母，或阿拉伯数字，或两者兼有之。

表4.1　机床的类型及分类代号

类型	车床	钻床	镗床	磨床			齿轮加工机床	螺纹加工机床	铣床	刨插床	拉床	切断机床	其他机床
代号	C	Z	T	M	2M	3M	Y	S	X	B	L	G	Q
参考读音	车	钻	镗	磨	2磨	3磨	牙	丝	铣	刨	拉	割	其

当某类型机床除普通型外，还具有表4.1中所列的某种通用特性时，应在类代号之后加上通用特性代号，见表4.2。如某类型机床仅有某种通用特性代号而无普通者，则通用特性不予表示。通用特性代号在各类机床中所表示的意义相同。

表4.2　机床通用特性代号

通用特性	高精度	精密	自动	半自动	数字程序控制	自动换刀	仿形	万能	轻型	简式或经济型	柔性加工单元	数显	高速
代号	G	M	Z	B	K	H	F	W	Q	J	R	X	S

为了区别主参数相同而结构不同的机床，在型号中用结构特性代号予以表示。根据各类机床的具体情况，对某些结构特性代号，可以赋予一定含义。但结构特性代号与通用特性代号不同，它在型号中没有统一的含义，只在同类机床中起区分机床结构、性能不同的作用。结构特性代号用汉语拼音字母(通用特性代号已用的字母和“I、O”两个字母不能用)表示，这些字母是根据各类机床的情况分别规定的，在不同型号中的意义可能不一

样。当型号中有通用特性代号时,结构特性代号排在通用特性代号之后。

机床的组、系代号各用一个阿拉伯数字表示,依次位于类代号或通用特性代号、结构特性代号之后。

机床型号中的主参数用折算值表示,位于系代号之后。当折算值大于 1 时,则取整数,前面不加“0”;当折算系数小于 1 时,则取小数点后第一位数,并在前面加“0”。

铣床的组、系及主参数划分见表 4.3。

表 4.3　铣床的组、系及主参数划分

组		系		主参数	
代号	名称	代号	名称	折算系数	名称
0	仪表铣床	0			
		1	台式工具铣床	1/10	工作台面宽度
		2	台式车铣床	1/10	工作台面宽度
		3	台式仿形铣床	1/10	工作台面宽度
		4	台式超精铣床	1/10	工作台面宽度
		5	立式台铣床	1/10	工作台面宽度
		6	卧式台铣床	1/10	工作台面宽度
		7			
		8			
		9			
1	悬臂及滑枕铣床	0	悬臂铣床	1/100	工作台面宽度
		1	悬臂镗铣床	1/100	工作台面宽度
		2	悬臂磨铣床	1/100	工作台面宽度
		3	定臂铣床	1/100	工作台面宽度
		4		1/100	工作台面宽度
		5			
		6	卧式滑枕铣床	1/100	工作台面宽度
		7	立式滑枕铣床	1/100	工作台面宽度
		8			
		9			
2	龙门铣床	0	龙门铣床	1/100	工作台面宽度
		1	龙门镗铣床	1/100	工作台面宽度
		2	龙门磨铣床	1/100	工作台面宽度
		3	定梁龙门铣床	1/100	工作台面宽度
		4	定梁龙门镗铣床	1/100	工作台面宽度
		5			
		6	龙门移动铣床	1/100	工作台面宽度
		7	定梁龙门移动铣床	1/100	工作台面宽度
		8	落地龙门镗铣床	1/100	工作台面宽度
		9			

续表 4.3　铣床的组、系及主参数划分

组		系		主参数	
代号	名称	代号	名称	折算系数	名称
3	平面铣床	0	圆台铣床	1/100	工作台面直径
		1	立式平面铣床	1/100	工作台面宽度
		2			
		3	单柱平面铣床	1/100	工作台面宽度
		4	双柱平面铣床	1/100	工作台面宽度
		5	端面铣床	1/100	工作台面宽度
		6	双端面铣床	1/100	工作台面宽度
		7			
		8	落地端面铣床	1/100	最大铣轴垂直移动距离
		9			
4	仿形铣床	0			
		1	平面刻模铣床	1/10	缩放仪中心距
		2	立体刻模铣床	1/10	缩放仪中心距
		3	平面仿形铣床	1/10	最大铣削宽度
		4	立体仿形铣床	1/10	最大铣削宽度
		5	立式立体仿形铣床	1/10	最大铣削宽度
		6	叶片仿形铣床	1/10	最大铣削宽度
		7	立式叶片仿形铣床	1/10	最大铣削宽度
		8			
		9			
5	立式升降台铣床	0	立式升降台铣床	1/10	工作台面宽度
		1	立式升降台镗铣床	1/10	工作台面宽度
		2	摇臂铣床	1/10	工作台面宽度
		3	万能摇臂铣床	1/10	工作台面宽度
		4	摇臂镗铣床	1/10	工作台面宽度
		5	转塔升降台铣床	1/10	工作台面宽度
		6	立式滑枕升降台铣床	1/10	工作台面宽度
		7	万能滑枕升降台铣床	1/10	工作台面宽度
		8	圆弧铣床	1/10	工作台面宽度
		9			

续表 4.3　铣床的组、系及主参数划分

组		系		主参数	
代号	名称	代号	名称	折算系数	名称
6	卧式升降台铣床	0	卧式升降台铣床	1/10	工作台面宽度
		1	万能升降台铣床	1/10	工作台面宽度
		2	万能回转头铣床	1/10	工作台面宽度
		3	万能摇臂铣床	1/10	工作台面宽度
		4	卧式回转头铣床	1/10	工作台面宽度
		5	广用万能铣床	1/10	工作台面宽度
		6	卧式滑枕升降台铣床	1/10	工作台面宽度
		7			
		8			
		9			
7	床身铣床	0			
		1	床身铣床	1/100	工作台面宽度
		2	转塔床身铣床	1/100	工作台面宽度
		3	立柱移动床身铣床	1/100	工作台面宽度
		4	立柱移动转塔床身铣床	1/100	工作台面宽度
		5	卧式床身铣床	1/100	工作台面宽度
		6	立柱移动卧式床身铣床	1/100	工作台面宽度
		7	滑枕床身铣床	1/100	工作台面宽度
		8			
		9	立柱移动立卧式床身铣床	1/100	工作台面宽度
8	工具铣床	0			
		1	万能工具铣床	1/10	工作台面宽度
		2			
		3	钻头铣床	1	最大钻头直径
		4			
		5	立铣刀槽铣床	1	最大铣刀直径
		6			
		7			
		8			
		9			
9	其他铣床	0	六角螺母槽铣床	1	最大六角螺母对边宽度
		1	曲轴铣床	1/10	刀盘直径
		2	键槽铣床	1	最大键槽宽度
		3			
		4	轧辊轴颈铣床	1/100	最大铣削直径
		5			
		6			
		7	转子槽铣床	1/100	最大转子本体直径
		8	螺旋桨铣床	1/100	最大工件直径
		9			

型号举例。

例:机床型号为 X6132、X5032、X8126、X2010。

X6132—— 万能升降台铣床,工作台面宽度为 320 mm。

X5032—— 立式升降台铣床,工作台面宽度为 320 mm。

X8126—— 万能工具铣床,工作台面宽度为 260 mm。

X2010—— 龙门铣床,工作台面宽度为 1 000 mm。

2. 常用铣床种类及其结构

铣床的种类很多,根据其结构和用途可分为卧式升降台铣床、立式升降台铣床、龙门铣床、工具铣床和各种专用铣床等。

(1) X6132 型卧式升降台铣床。

卧式升降台铣床的主轴呈水平布置,习惯上称为卧铣。如图 4.4 所示为 X6132 型卧式升降台铣床的结构图。

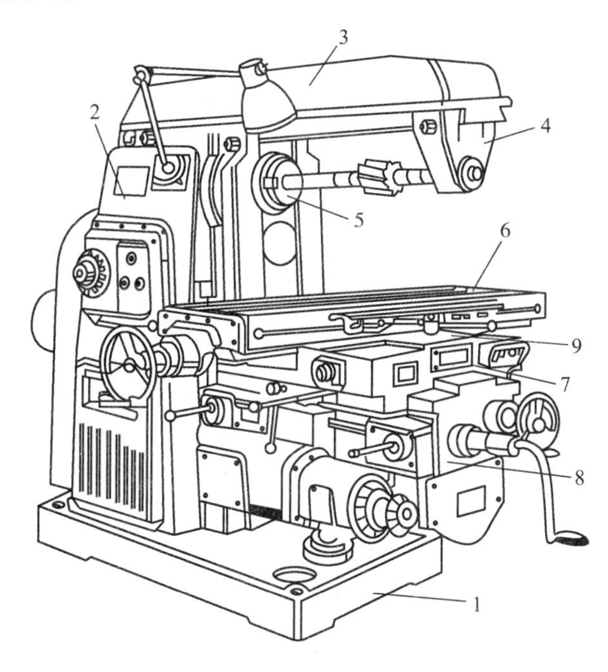

图 4.4　X6132 型卧式升降台铣床的结构

1— 底座;2— 床身;3— 悬梁;4— 刀杆支架;5— 主轴;6— 工作台;7— 床鞍;8— 升降台;9— 回转盘

床身 2 固定在底座 1 上,用于安装和支承机床各部件,床身内装有主运动变速传动机构、主轴部件以及操纵机构等。床身 2 顶部的导轨上装有悬梁 3,可沿主轴轴线方向调整其前后位置,悬梁上装有刀杆支架 4,用于支承刀杆的悬伸端。升降台 8 安装在床身 2 的垂直导轨上,可上下垂直移动,升降台内装有进给运动变速传动机构以及操纵机构等。升降台 8 的水平导轨上装有床鞍 7,可沿平行于主轴轴线方向进行横向移动。工作台 6 装在床鞍 7 的导轨上,可沿垂直于主轴轴线方向进行纵向移动。因此,固定在工作台 6 上的工件,可沿相互垂直的三个方向分别实现进给运动或调整位移。

另外,在工作台 6 和床鞍 7 之间有一回转盘 9,使工作台可在水平面内进行 ±45° 的调整,以便加工各种角度的螺旋槽时,工作台可做斜向进给运动。

X6132 型铣床的工作范围较广,它可以安装各种类型的铣刀,适宜对中、小型工件进行各种铣削加工,如铣平面、台阶、沟槽、螺旋槽和成形面等。与同类铣床相比,它的转速高、刚度好、功率大,故可进行高速铣削和强力铣削。工作台纵向丝杠有间隙调整装置,因此它既能顺铣又能逆铣。

在铣削加工中,根据铣刀的旋转方向和切削进给方向之间的关系,可以分为顺铣和逆铣两种。如果铣刀旋转方向与工件进给方向相同,称为顺铣;铣刀旋转方向与工件进给方向相反,称为逆铣。

顺铣的功率消耗要比逆铣时小,在同等切削条件下,顺铣功率消耗要低5 % ~15 %,同时顺铣也更加有利于排屑。一般应尽量采用顺铣法加工,以提高被加工零件表面的光洁度(降低粗糙度),保证其尺寸精度。但是在切削面上有硬质层、积渣、工件表面凹凸不平较显著时,如加工锻造毛坯,应采用逆铣法。

顺铣时,切削由厚变薄,刀齿从未加工表面切入,对铣刀的使用有利。逆铣时,当铣刀刀齿接触工件后不能马上切入金属层,而是在工件表面滑动一小段距离,在滑动过程中,由于强烈的摩擦,就会产生大量的热量,同时在待加工表面易形成硬化层,切削时降低了刀具的耐用度,影响工件表面光洁度,给切削带来不利。另外,逆铣时,由于刀齿由下往上(或由内往外)切削,且从表面硬质层开始切入,刀齿将受到很大的冲击负荷,铣刀变钝较快,但刀齿切入过程中没有滑移现象。

逆铣和顺铣,因为切入工件时的切削厚度不同,刀齿和工件的接触长度不同,所以铣刀磨损程度不同,实践表明:顺铣时,铣刀耐用度比逆铣时提高 2 ~ 3 倍,表面粗糙度也可降低。但顺铣不宜用于铣削带硬皮的工件。

(2)X5032 型立式升降台铣床。

X5032 型立式升降台铣床也是生产中应用极为广泛的一种铣床,其外形结构如图4.5所示。其规格、操作机构、传动变速等与 X6132 型铣床基本相同。主要不同点是:

①X5032 型铣床的主轴位置与工作台面垂直,安装在可以偏转的铣头壳体内,主轴可在正垂直面内做 ±45° 范围内偏转,以调整铣床主轴轴线与工作台面间的相对位置。

②X5032 型铣床的工作台与横向溜板连接处没有回转盘,所以工作台在水平面内不能扳转角度。

③X5032 型铣床的主轴带有套筒伸缩装置,主轴可沿自身轴线在0 ~70 mm范围做手动进给。

④X5032 型铣床的正面增设了一个纵向手动操作手柄,使铣床的操作更加方便。

X5032 型铣床的主轴轴线垂直于工作台面,主要由床身、立铣头、主轴、工作台、升降台、底座组成,具体如下。

① 底座:支承床身和升降台,底部可存储切削液。

② 床身:固定和支承铣床各部件。

③ 立铣头:支承主轴,可左右倾斜一定角度。

④ 主轴:为空心轴,前端为精密锥孔,用于安装铣刀并带动铣刀旋转。

⑤ 工作台:承载、装夹工件,可纵向和横向移动,还可水平转动。

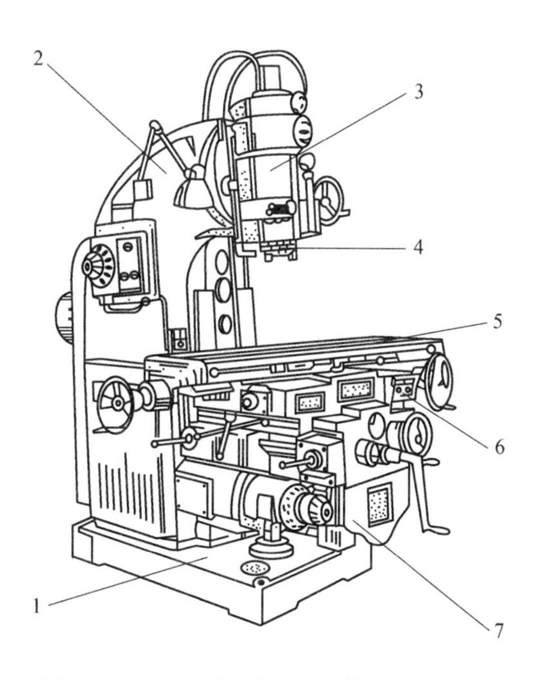

图 4.5　X5032 型立式升降台铣床的结构

1—底座;2—床身;3—立铣头;4—主轴;5—纵向工作台;6—横向工作台;7—升降台

⑥ 升降台:通过升降丝杠支承工作台,可以使工作台垂直移动。

⑦ 变速机构:主轴变速机构在床身内,使主轴有 18 种转速,进给变速机构在升降台内,可提供 18 种进给速度。

立式升降台铣床与卧式升降台铣床的主要区别是它的主轴是垂直布置的,如图 4.5 所示立铣头 3 可根据加工要求在垂直平面内旋转一定的角度,主轴 4 可沿其轴线方向进给或调整位置,其他部分与卧铣相同。立铣可用端铣刀或立铣刀加工平面、斜面、沟槽、台阶、齿轮、凸轮等表面。

(3) X2010 型龙门铣床。

X2010 型龙门铣床如图 4.6 所示,由连接梁 4、立柱 2 和 6、床身 12 所构成的"龙门"式框架而得名。该铣床一般有 4 个铣头或 3 个铣头(少一个垂直铣头)。每个铣头都具有单独的驱动电动机、变速传动机构、立轴部件及操纵机构等,各自可独立或联合工作,互不干扰。两个垂直铣头 3 和 5,可在横梁 8 上水平移动,横梁 8、水平铣头 1 和 9 可沿立柱 2 和 6 上的导轨上下移动。各铣刀的切削深度均由其主轴套筒带动铣刀主轴沿其轴向移动来实现。加工时,工作台 13 带动工件沿床身 12 的纵向导轨做往复纵向进给运动。

龙门铣床有足够的刚度,可采用硬质合金面铣刀进行高速铣削和强力铣削,一次进给可同时加工工件 3 个方位(上、左、右) 的平面,并能确保加工面之间的位置精度,有较高的生产率,适用于大型工件精度较高的平面和沟槽加工。

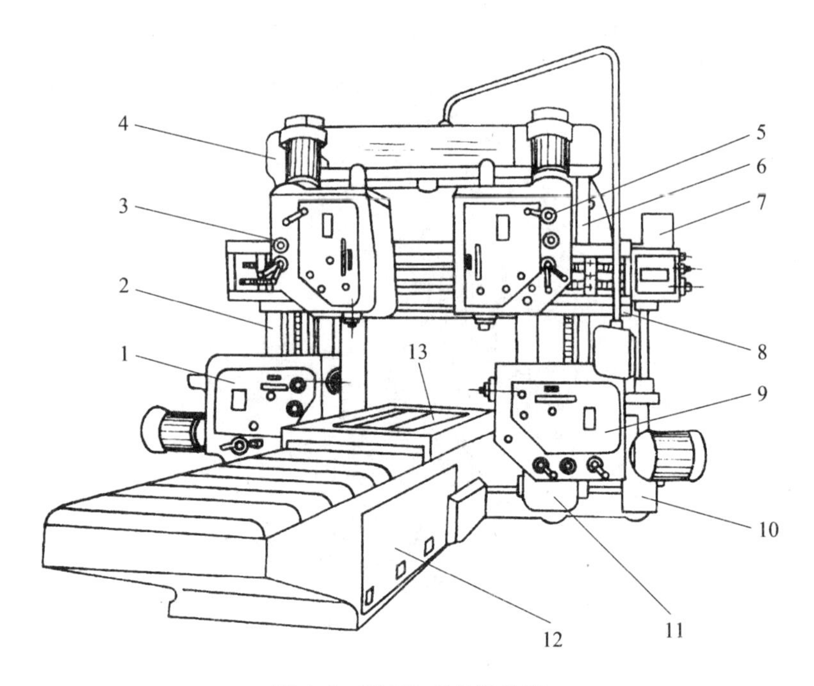

图 4.6　X2010 型龙门铣床

1、9— 水平铣头；2、6— 立柱；3、5— 垂直铣头；4— 连接梁；
7、10、11— 进给箱；8— 横梁；12— 床身；13— 工作台

(4)X8126 型万能工具铣床。

X8126 型万能工具铣床如图 4.7 所示。它的加工范围很广，具有水平主轴和垂直主轴，故能完成卧铣和立铣的铣削工作内容。此外，它还具有万能角度工作台、圆形工作台、水平工作台以及分度机构等装置，再加上平口虎钳和分度头等常用附件，因此用途十分广泛。

该机床特别适合于加工各种夹具、刀具、工具、模具和小型复杂工件，具有以下特点：

① 具有水平主轴和垂直主轴，垂直主轴能在平行于纵向的垂直平面内偏转到所需角度位置(范围 ±45°)。

② 在垂直台面上可安装水平工作台，此时相当于普通升降台铣床，工作台可做纵向和垂直方向的进给运动，横向进给运动由主轴完成。

③ 安装圆工作台后，可实现圆周进给运动和在水平面内做简单等分，用以加工圆弧轮廓面等曲线回转面。

④ 安装万能角度工作台后，工作台可在空间绕纵向、横向、垂直方向三个相互垂直的坐标轴回转角度，以适应加工各种倾斜面和复杂工件。

⑤ 不能用挂轮法加工等速螺旋槽和螺旋面。

3. 铣床常用附件

铣床常用附件是指万能分度头、平口钳、万能铣头和回转工作台等，如图 4.8 所示。

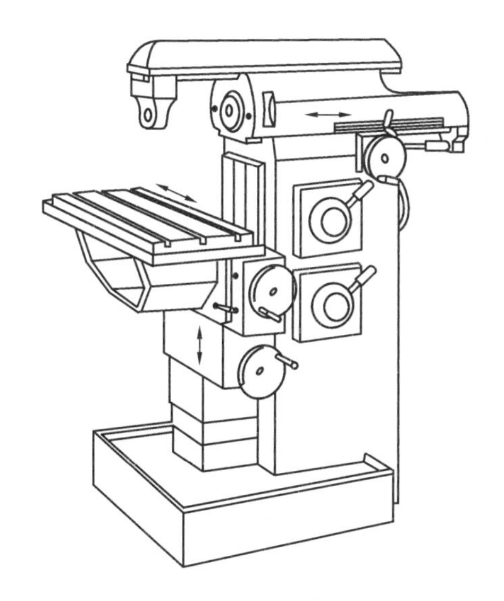

图 4.7　X8126 型万能工具铣床

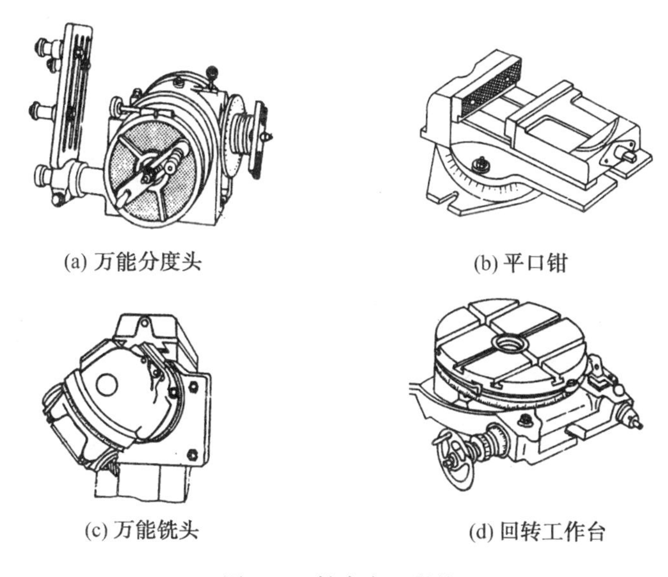

(a) 万能分度头　(b) 平口钳

(c) 万能铣头　(d) 回转工作台

图 4.8　铣床常用附件

二、铣刀简介

1. 铣刀切削部分的常用材料

常用的铣刀切削部分材料有高速钢和硬质合金两大类。

高速钢的硬度较高，韧性也较好，且具有良好的工艺性，一般形状较复杂的铣刀均是高速钢铣刀。切削部分为高速钢的铣刀有整体式和镶齿式两种。

硬质合金多用于制造高速切削用铣刀。铣刀大都不是整体式，而是将硬质合金刀片以焊接或机械夹固的方法镶装于铣刀刀体上。

2. 铣刀的种类

(1) 按铣刀切削部分材料分类。

① 高速钢铣刀:形状复杂的铣刀和成型铣刀,大多为高速钢铣刀。直径较大且不太薄的铣刀常做成镶齿式,以节省高速钢材料。

② 硬质合金铣刀:切削部分使用硬质合金刀片的铣刀。

(2) 按铣刀用途分类。

① 铣削平面用铣刀:主要有圆柱形铣刀和端铣刀,如图4.9所示。圆柱形铣刀分粗牙和细牙两种,用于粗铣和半精铣平面。端铣刀有整体式、镶齿式和可转位(机械夹固)式三种,用于粗、精铣各种平面。

加工较小的平面时也可以使用立铣和三面刃铣刀。

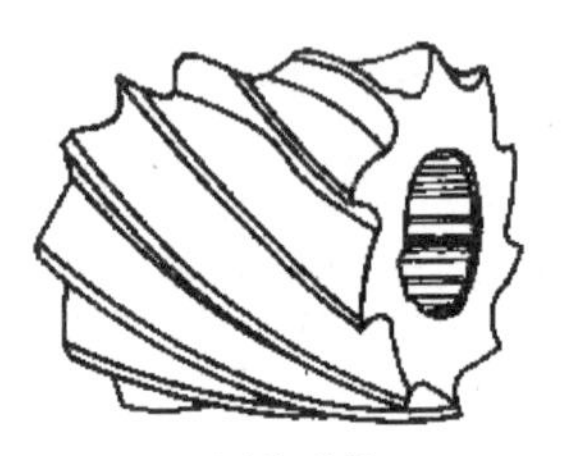

(a) 圆柱形铣刀

(b) 整体式端铣刀

(c) 可转位硬质合金刀片端铣刀

图 4.9　铣削平面用铣刀

② 铣削直角沟槽用铣刀:主要有立铣刀、三面刃铣刀、键槽铣刀、盘形槽铣刀、锯片铣刀等,如图 4.10 所示。

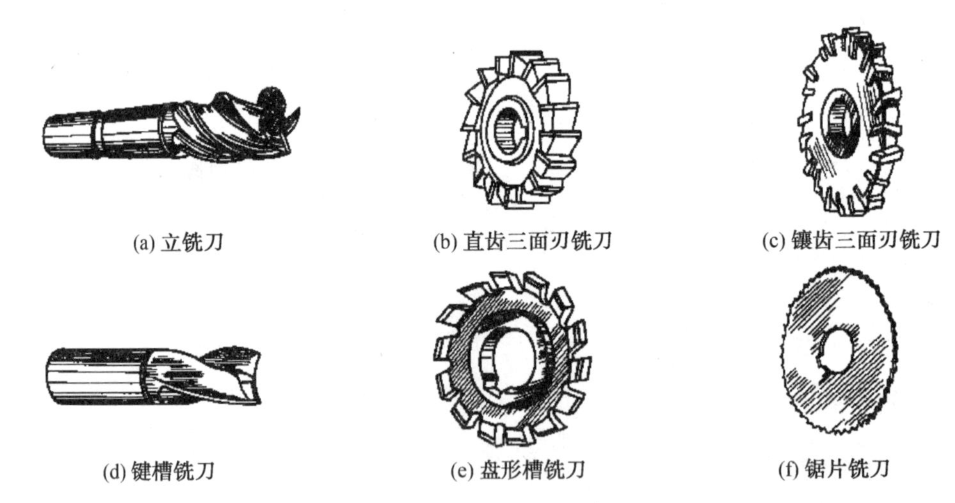

(a) 立铣刀　(b) 直齿三面刃铣刀　(c) 镶齿三面刃铣刀

(d) 键槽铣刀　(e) 盘形槽铣刀　(f) 锯片铣刀

图 4.10　铣削直角沟槽用铣刀

③ 铣削特形沟槽用铣刀:主要有 T 形槽铣刀、燕尾槽铣刀、角度铣刀等,如图 4.11 所示。

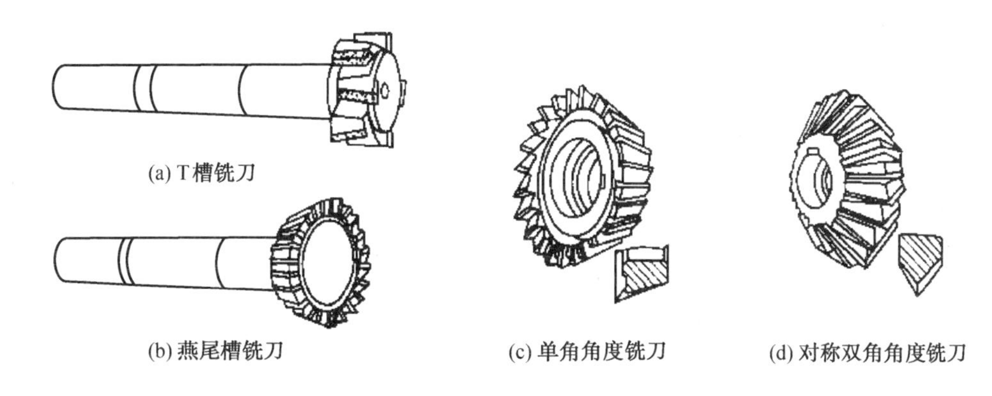

图4.11　铣削特形沟槽用铣刀

④ 铣削特形面铣刀:是根据特形面的形状而专门设计的成形铣刀,又称特形铣刀。主要有凸半圆铣刀、凹半圆铣刀、模数齿轮铣刀、叶片内弧成形铣刀等,如图4.12所示。凸半圆铣刀用于铣削半圆槽和凹半圆成形面;凹半圆铣刀用于铣削凸半圆成形面;齿轮模数铣刀用于铣削渐开线齿轮;叶片内弧成形铣刀用于铣削涡轮叶片的叶盆内弧形表面的特形铣刀。铣削特形面的铣刀一般都为铲齿刀具。

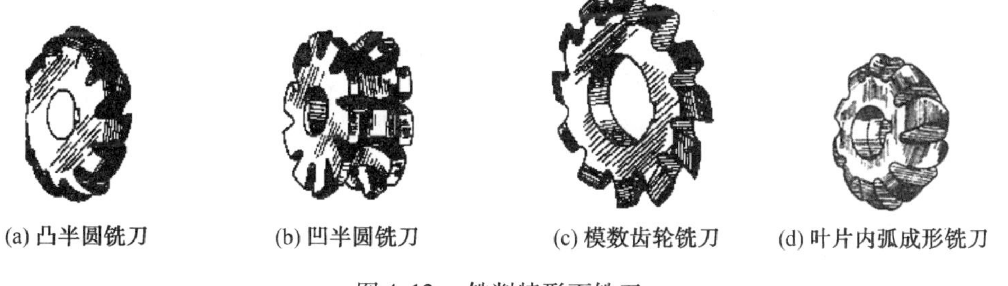

图4.12　铣削特形面铣刀

(3) 按铣刀刀齿构造分类。

① 尖齿铣刀:在垂直于主切削刃的截面上,其齿背的截形是由直线或折线组成的,如图4.13(a)所示。这类铣刀制造和刃磨都较容易,刃口较锋利。生产中常用的铣刀大都是尖齿铣刀,如圆柱形铣刀、端铣刀、立铣刀和三面刃铣刀。

② 铲齿铣刀:在刀齿的截面上,其齿背的截形是一条阿基米德螺旋线,如图4.13(b)所示。齿背必须在铲齿机床上铲制出来。这类铣刀刃磨时只能磨前刀面,只要前角不变,刃磨后刀齿齿形也不变。铲齿铣刀前角一般为0度,以便于刃磨。为了保证刃磨后齿形不变,成形铣刀一般为铲齿刀。

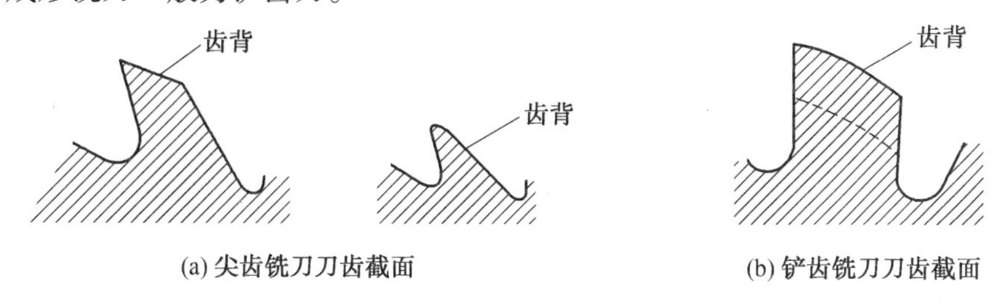

图4.13　铣刀刀齿的构造形式

3. 铣刀的安装

圆柱形铣刀、三面刃铣刀、锯片铣刀等带孔铣刀是借助于铣刀杆安装在铣床的主轴上。

(1) 带孔铣刀杆及其安装。

铣刀杆结构如图4.14所示,左端是锥度为7∶24的圆锥,用来与铣床主轴锥孔配合。锥体尾端有内螺纹孔,通过拉紧螺杆将铣刀杆拉紧在主轴锥孔内。锥体前端有一带两缺口的凸缘,该缺口与主轴轴端的凸键配合。铣刀杆中部是长度为 l 的光轴,用来安装铣刀和垫圈,光轴上有键槽,用来安装定位键,以便将转矩传给铣刀。铣刀杆右端是螺纹和轴颈,螺纹用来安装紧刀螺母,紧固铣刀;轴颈用来与挂架轴承孔配合,支承铣刀杆右端。

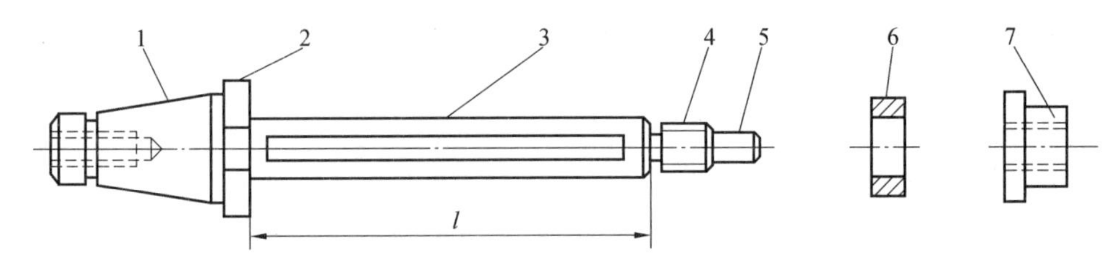

图4.14　铣刀杆结构图

1— 锥柄;2— 凸缘;3— 光轴(刀杆);4— 螺纹;5— 轴颈;6— 垫圈;7— 紧刀螺母

铣刀杆光轴的直径与带孔铣刀的孔径相对应有多种规格,例如:16、22、27、32、40、50、60、80、100 mm,常用的有22、27、32 mm三种。铣刀杆的光轴长 l 也有多种规格,可按工作需要选用。

铣刀杆的安装步骤如下:

① 根据铣刀孔径选择相应直径的铣刀杆,铣刀杆长度在满足安装铣刀后不影响铣削正常加工的前提下选择短一些的,以增强铣刀的刚度。

② 松开铣床横梁的紧固螺母,适当调整横梁的伸出长度,使其与铣刀杆长度相适应,然后将横梁紧固,如图4.15所示。

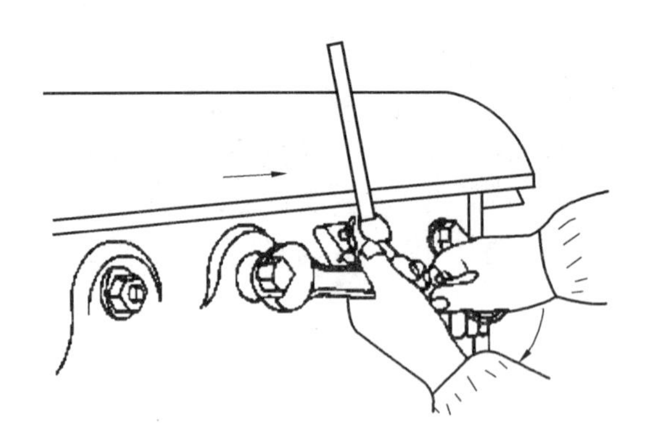

图4.15　横梁伸出长度的调整

③ 擦净铣床主轴锥孔和铣刀杆的锥柄,以免因脏物影响铣刀杆的安装精度。

④ 将铣床主轴转速调整到最低(30 r/min)或将主轴锁紧。

⑤安装铣刀杆。右手将铣刀杆的锥柄装入主轴锥孔，如图4.16所示。横梁伸出长度调整安装时，铣刀杆凸缘上的缺口(槽)应对准主轴端部的凸键；左手顺时针(由主轴后端观察)转动主轴孔中的拉紧螺杆，使拉紧螺杆前端的螺纹部分旋入铣刀杆的螺纹孔；然后用扳手旋紧拉紧螺杆上的紧刀螺母，将铣刀杆拉紧在主轴锥孔内。

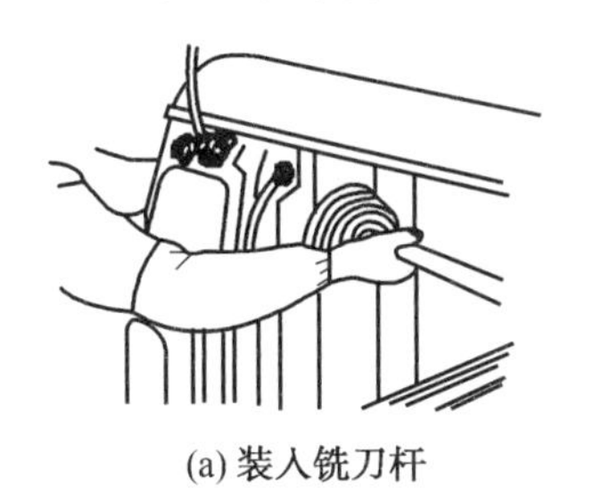

(a) 装入铣刀杆

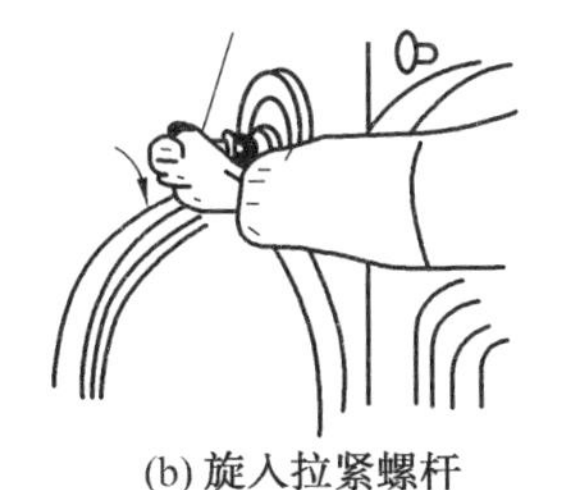

(b) 旋入拉紧螺杆

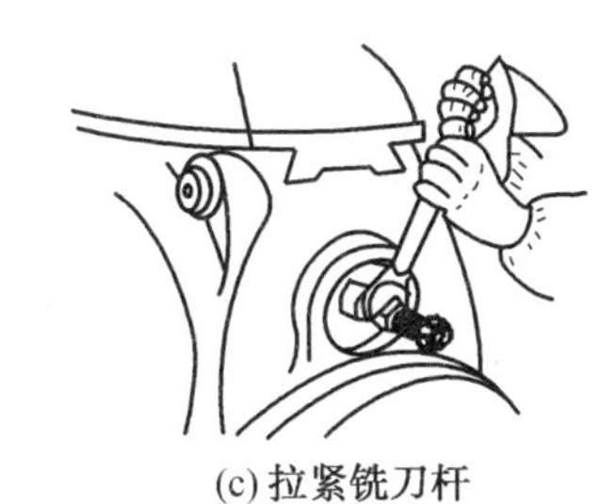

(c) 拉紧铣刀杆

图4.16　安装铣刀杆

(2) 带孔铣刀的安装。

① 擦净铣刀杆、垫圈和铣刀，确定铣刀在铣刀杆上的轴向位置。

② 将垫圈和铣刀装入铣刀杆，使铣刀在预定的位置上，然后旋入紧刀螺母，注意铣刀杆的支承轴颈与挂架轴承孔应有足够的配合长度。

③ 擦净挂架轴承孔和铣刀杆的支承轴颈，注入适量润滑油，调整挂架轴承，将挂架装在横梁导轨上，如图4.17所示。适当调整挂架轴承孔与铣刀杆支承轴承的间隙，使用小挂架时用双头扳手调整，使用大挂架时用开槽圆螺母扳手调整然后紧固挂架，如图4.18所示。

④ 旋紧铣刀杆紧刀螺母，通过垫圈将铣刀夹紧在铣刀杆上，如图4.19所示。

图4.17　安装挂架

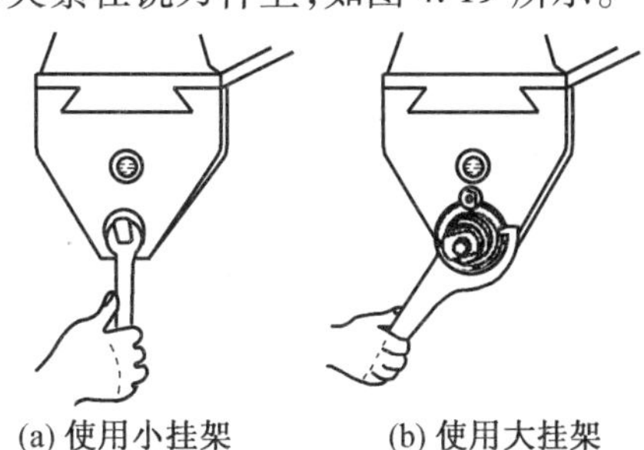

(a) 使用小挂架　(b) 使用大挂架

图4.18　调整挂架轴承间隙

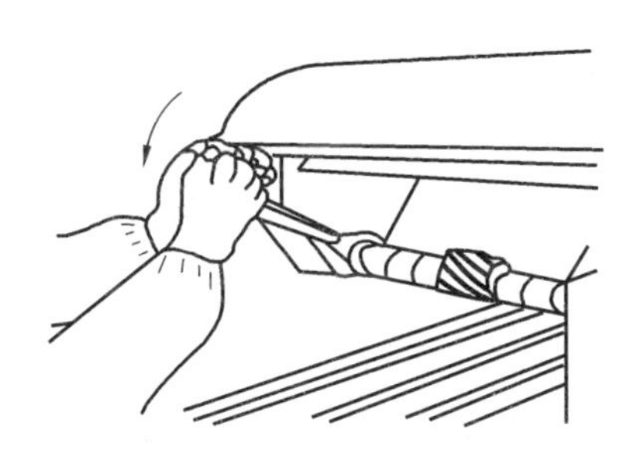

图4.19　紧固铣刀

(3) 带柄铣刀的装卸。

带柄铣刀有锥柄和直柄两种。锥柄铣刀有锥柄立铣刀、锥柄T形槽铣刀、锥柄键槽铣刀等，其柄部一般采用莫氏锥度，有莫氏1号、2号、3号、4号和5号五种，按铣刀直径的大小不同，制成不同号数的锥柄。直柄铣刀有立铣刀、T形槽铣刀、键槽铣刀、半圆键槽铣刀、燕尾槽铣刀等，其柄部为圆柱形。

① 锥柄铣刀的安装。

当铣刀柄部的锥度和主轴锥孔锥度相同时，擦净主轴锥孔和铣刀锥柄，垫棉纱用左手握住铣刀，将铣刀锥柄穿入主轴锥孔，然后用拉紧螺杆扳手旋紧拉紧螺杆，紧固铣刀，如图4.20所示。

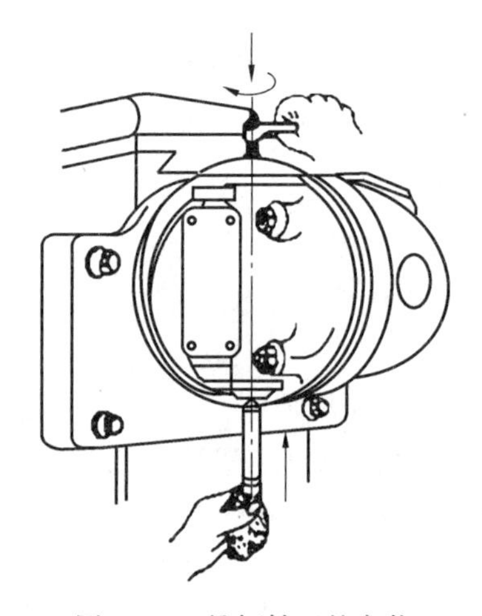

图4.20　锥柄铣刀的安装

当铣刀柄部的锥度和主轴锥孔锥度不同时，需要借助中间锥套安装铣刀。中间锥套的外圆锥度与主轴锥孔锥度相同，而内孔锥度与铣刀锥柄锥度一致，如图4.21所示。

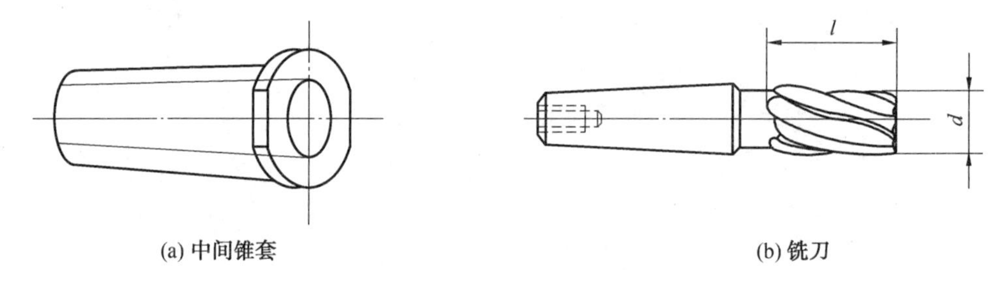

(a) 中间锥套　(b) 铣刀

图4.21　借助中间锥套安装铣刀

② 直柄铣刀的安装。

直柄铣刀一般用专用夹头刀杆，通过弹簧夹头或钻夹头安装在主轴锥孔内。采用弹簧夹头安装直柄铣刀时，应按铣刀柄直径选择相同尺寸装夹卡簧的内径。将铣刀柄插入到卡簧内，再一起装入弹簧夹头的孔内，使用扳手将夹头锁紧螺母旋紧；采用钻夹头装夹时，将直柄铣刀直接插入钻夹头内，再使用其专用扳手将铣刀夹紧。

三、典型铣削方法

1. 平面的铣削方法

(1) 铣削的方法。

铣削平面是铣工最常见的工作，既可以在卧式铣床上铣平面，也可以在立式铣床上进行铣削平面，如图 4.22 所示。平面质量的好坏，分别采用平面度和表面粗糙度来对比。

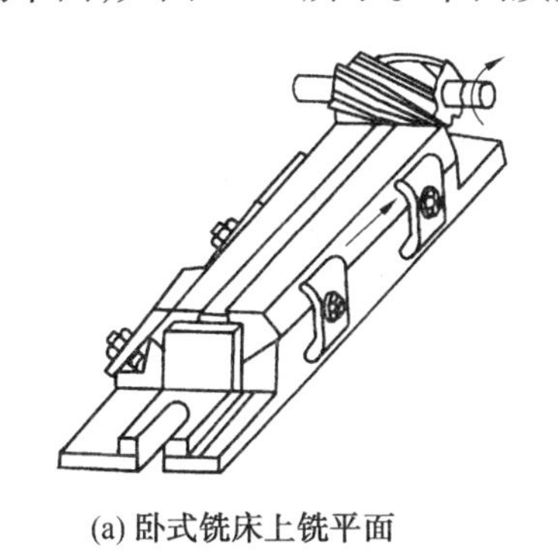

(a) 卧式铣床上铣平面

(b) 立式铣床上铣平面

图 4.22　平面的铣削

平面的铣削方法分为周铣和端铣。周铣平面时，可以一次铣削加工比较深的切削层余量，但受铣刀长度限制，不能铣削太宽的平面，切削效率较低；端铣平面时，可以通过选取大直径的端铣刀来满足较宽的切削层宽度，但切削层深度较小，一般取 3 ~ 5 mm。

余量较大或表面粗糙度值要求小时，可分粗铣和精铣两步完成。粗铣主要目的是去除绝大部分加工余量，若条件允许可一次完成，只保留 0.5 ~ 1 mm 的精铣余量；精铣是为了保证工件最后的尺寸精度和表面粗糙度。

(2) 铣削用量的选择。

在铣削普通钢件时，高速钢铣刀的铣削速度通常取 15 ~ 35 m/min，硬质合金铣刀的铣削速度可取 80 ~ 120 m/min；粗铣时取较小值，精铣时取较大值。进给量的大小，在粗铣时通常以每齿进给量为依据，取 0.04 ~ 0.3 mm/z，铣刀及机床系统刚性好时取较大值，刚性较差时取较小值；精铣时的进给量以每转进给量为依据，通常取 0.1 ~ 2 mm/r，表面粗糙度值要求越小，取值就越小。

2. 垂直面的铣削方法

铣削与基准面相互垂直的平面称之为铣削垂直面。铣削垂直面除了像平面铣削那样需要保证其平面度和表面粗糙度的要求外，还需要保证相对其基准面的位置精度（垂直度）要求。

铣削垂直面时关键的问题是保证工件定位的准确与可靠。当工件在平口钳上装夹时，要保证基准面与固定钳口紧贴并在铣削时不产生移动。为满足这一要求，工件在装夹铣削时应采取以下措施：

(1) 擦拭干净固定钳口和工件的基准面，将工件的基准面紧贴固定钳口，并在工件与活动钳口之间、位于活动钳口一侧中心的位置上加一根圆棒，以保证工件的基准面在夹紧后仍然与固定钳口贴合，如图 4. 23 所示。

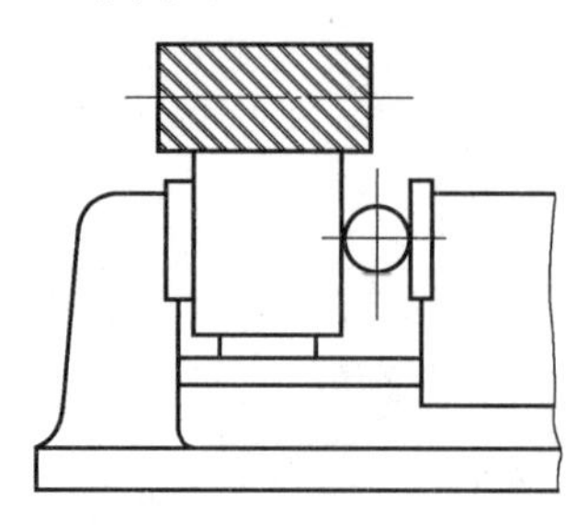

图 4. 23　在活动钳口与工件间置圆棒装夹

（2）在装夹时，钳口的方向可与工作台纵向进给方向垂直，如图 4. 24(a) 所示，其目的是使铣削时切削力朝向固定钳口，以保证铣削过程中工件的位置不发生移动。但对于较薄或较长的工件，则一般采用钳口的方向与工作台纵向进给方向平行的方法，如图 4. 24(b) 所示。

（3）对于薄而宽大的工件可采用弯板（角铁）装夹来进行铣削或直接装夹在工作台面上进行铣削，如图 4. 25 所示。

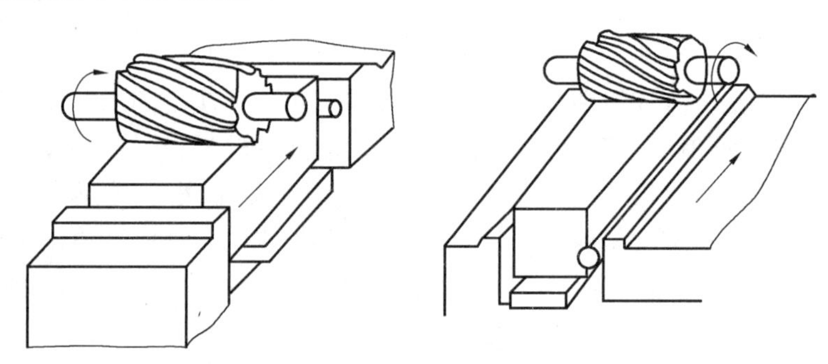

(a) 钳口方向与工作台纵向进给方向垂直　(b) 钳口方向与工作台纵向进给方向平行

图 4. 24　钳口与工作台方向关系

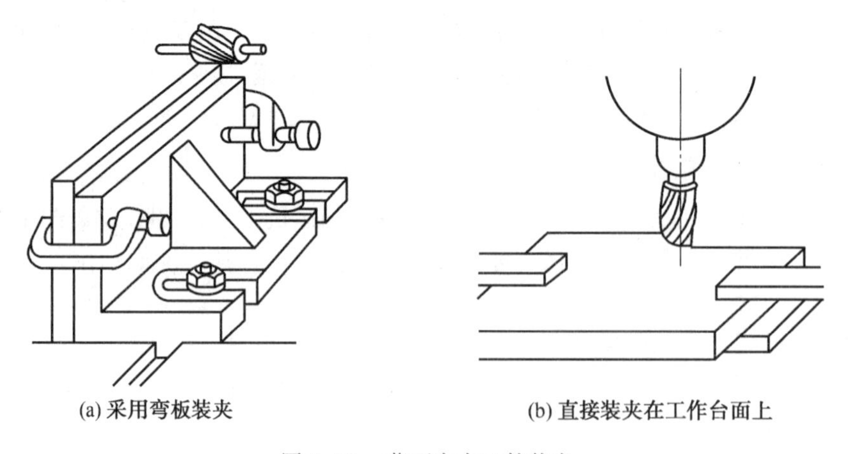

(a) 采用弯板装夹　(b) 直接装夹在工作台面上

图 4. 25　薄而宽大工件装夹

（4）铣好垂直面后，采用 90° 直角尺检验其与基准面的垂直度，合格后方可进行后续表面的加工，如图 4.26 所示。

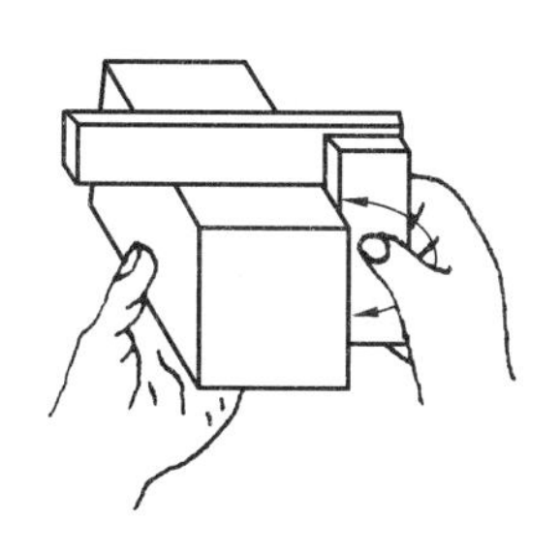

图 4.26　采用 90° 直角尺检验工件的垂直度

3. 平行面的铣削方法

铣削与基准面相互平行的平面称之为铣削平行面。铣削平行面除了像平面铣削那样需要保证其平面度和表面粗糙度的要求外，还需要保证相对其基准面的位置精度（平行度）要求。因此在卧式铣床上采用平口钳装夹进行铣削时，平口钳钳体导轨面是主要定位表面。铣削时工件装夹方法如下。

（1）由于铣削时以平口钳钳体导轨面为定位基准，就要先检测钳体导轨面与工作台台面的平行度。检测时，将一块表面光滑平整的平行垫铁擦净后放在钳体导轨面上，然后使用百分表来检测。检测时，观察百分表检测平行垫铁平面时的读数是否符合要求，如图 4.27 所示。若不平行，可采取在钳体导轨或底座上加垫纸片的方法加以校正。批量加工时如有必要，可在平面磨床上修磨钳体导轨面。

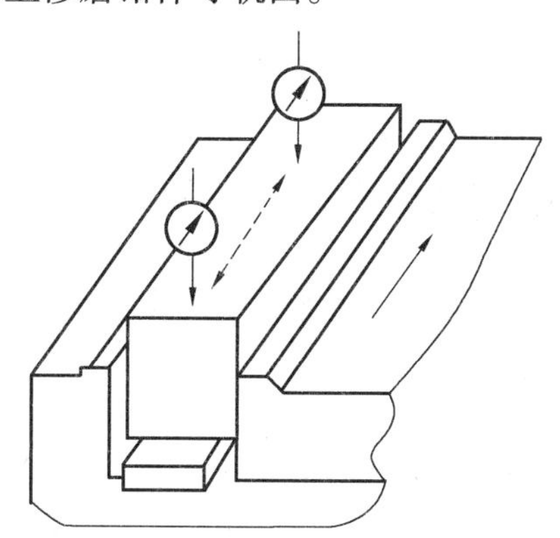

图 4.27　使用百分表检测钳体导轨面与工作台台面的平行度

（2）工件高度低于平口钳钳口高度时的装夹，可在工件基准面与平口钳钳体导轨面之间垫两块厚度相等的平行垫铁，如图 4.28 所示。若工件宽度较窄时，可只垫一块垫铁，但垫铁的厚度必须小于工件的宽度。

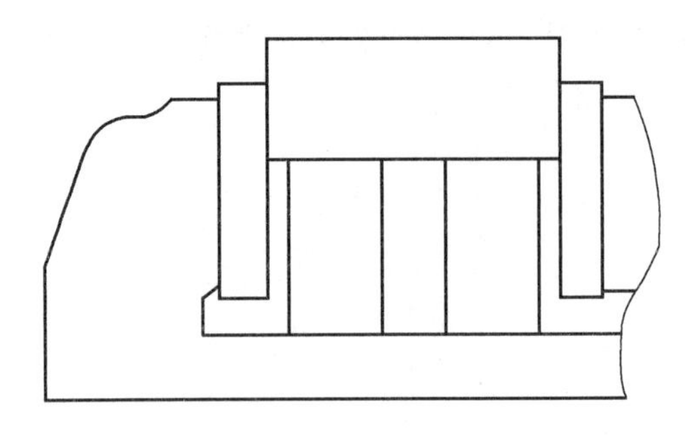

图 4. 28　平口钳钳体导轨面与平行垫铁装夹

4. 端铣垂直面和平行面的方法

若采用端铣的方法铣削垂直面和平行面，工件一般使用平口钳装夹，多在立式铣床上进行铣削，如图 4. 29 所示。

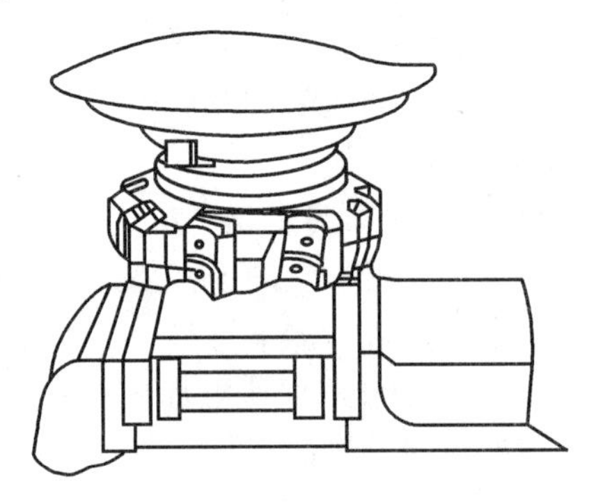

图 4. 29　平口钳装夹工件

端铣的装夹、调整和铣削的方法与周铣时基本相同，不同之处在于：

① 在采用端铣时不会因铣刀的圆柱度或刀齿高低不齐而影响到所铣削平面与基准面间的垂直度和平行度。

② 在端铣时会因铣床“零位”不准而影响所铣削平面与基准面间的垂直度和平行度。具体情况如下。

a. 在立式铣床上进行端铣时，若立铣头“零位”不准，横向进给时，会铣削出一个与工作台面倾斜的平面；纵向进给做非对称铣削时，则会铣出一个不对称的凹面。

b. 在卧式铣床上进行端铣时，若工作台“零位”不准，升降进给时，会铣出一个斜面；纵向进给做非对称铣削时，也会铣出一个不对称的凹面。

采用端铣的方法铣削较大工件的垂直面和平行面，可直接将工件装夹在工作台台面上，使用立式铣床或卧式铣床进行铣削。其方法如下：

（1）若工件的基准面窄长，可以采用垫铁进行定位，在卧铣的工作台台面上装夹工件铣削加工，如图 4. 30 所示。使用压板将垫铁轻轻压上，再用百分表校正定位基准表面。此方法铣削的表面，可同时保证与垫铁和工作台台面相接触的两个基准平面垂直。

（2）当工件上有台阶时，可直接使用压板将工件装夹在立式铣床的工作台台面上，使基准面与工作台台面贴合，铣削平行面。为了防止工件在铣削力作用下产生位移，在没有

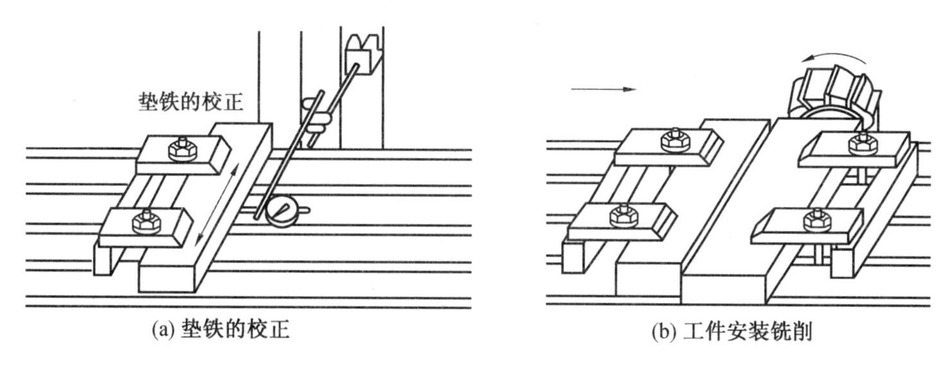

图 4.30　用垫铁在工作台面上装夹铣垂直面

布置压板且迎着铣削力方向的侧面，可通过设置挡铁来避免工件在铣削中发生移动，如图 4.31 所示。

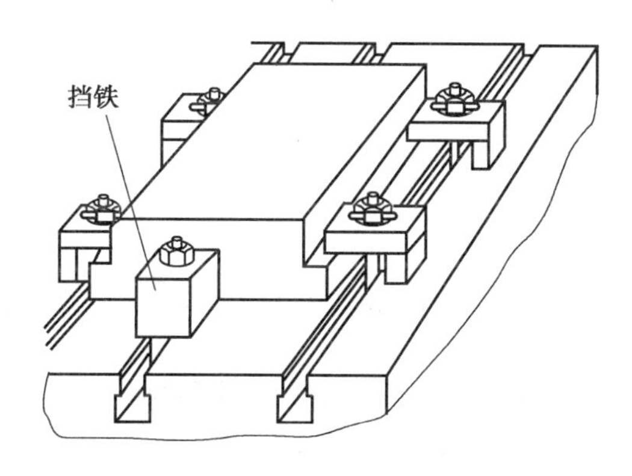

图 4.31　端铣带台阶的平行面

（3）在卧式铣床上端铣垂直面和平行面。铣削以侧面为基准面的平行面时，可采用定位键定位，若底面与基准面不垂直，则需通过底面垫铜皮或纸片进行校准；若底面与基准面垂直，可同时保证铣出的平面与基准面平行、与底面垂直，如图 4.32 所示。

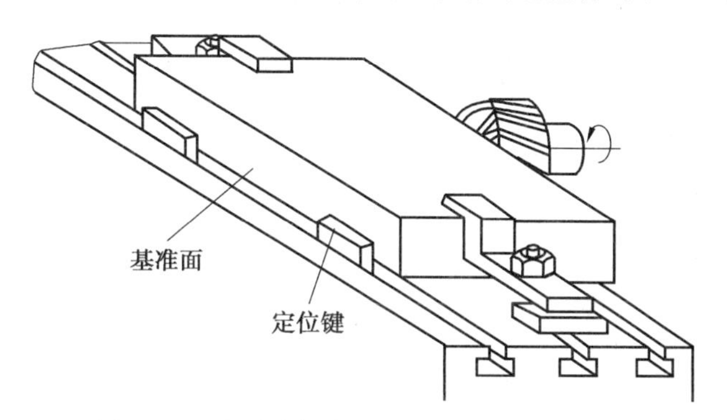

图 4.32　在卧式铣床上端铣垂直面和平行面

5. 台阶的铣削方法

（1）三面刃铣刀铣台阶。

在铣削时，三面刃铣刀的圆柱面刀刃起主要的铣削作用，两侧面刀刃起着修光的作用。由于三面刃铣刀的直径、刀齿和容屑槽都比较大,所以刀齿很强大,冷却和排屑效果好,生产效率高。因此在铣削宽度不太大(受三面刃铣刀规格限制,一般刀齿宽度 $L < 25$ mm) 的台阶时,基本上都采用三面刃铣刀铣削。

使用三面刃铣刀铣削台阶,主要是选择铣刀的刀齿宽度 L 及其直径 D,并尽量选用错齿三面刃铣刀。铣刀刀齿宽度 L 应大于工件的台阶宽度 B,即 $L > B$。为保证在铣削中,台阶的上平面能在垫圈直径为 d 的铣刀杆下通过,如图4.33 所示,三面刃铣刀直径 D 的选择,应根据台阶高度 t 来确定:$D > d + 2t$。

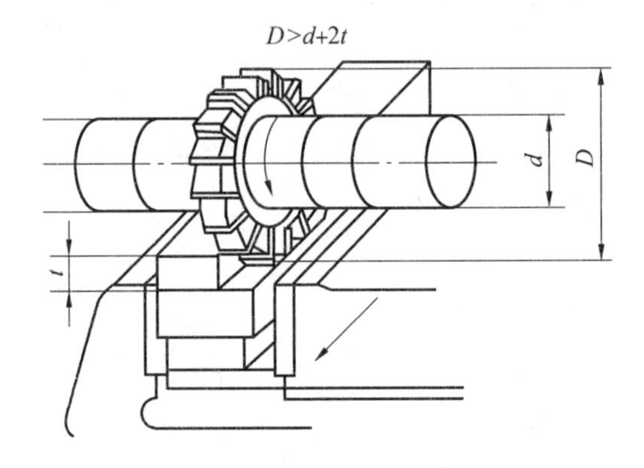

图 4.33　三面刃铣刀铣台阶

(2) 端铣刀铣台阶。

宽而浅的台阶工件,常用端铣刀在立式铣床上进行加工。端铣刀刀杆刚性强,切削平稳,加工质量好,生产效率高。端铣刀的直径 D 按台阶宽度尺寸 B 选取:$D \approx 1.5B$,如图 4.34 所示。

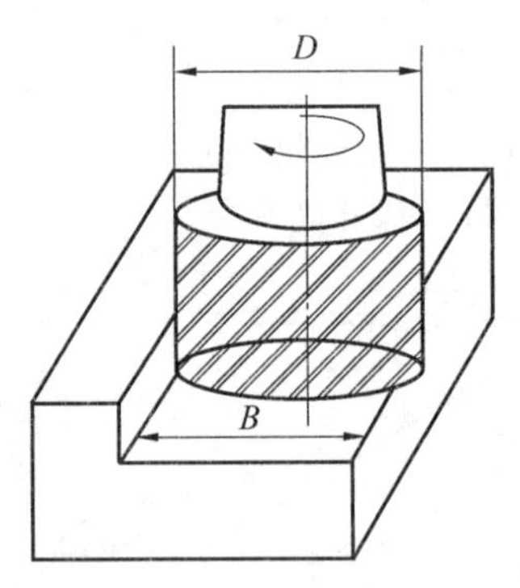

图 4.34　端铣刀铣台阶

(3) 立铣刀铣台阶。

窄而深的台阶工件,常用立铣刀在立式铣床上进行加工,如图 4.35 所示。由于立铣刀刚性较差,铣削时的铣刀也容易产生"让刀" 现象,甚至造成铣刀折断。为此,一般采用分层次粗铣,最后将台阶的宽度和深度一次精铣至要求。在条件许可的情形下,应该使用直径较大的立铣刀铣削台阶,以提高铣削效率。

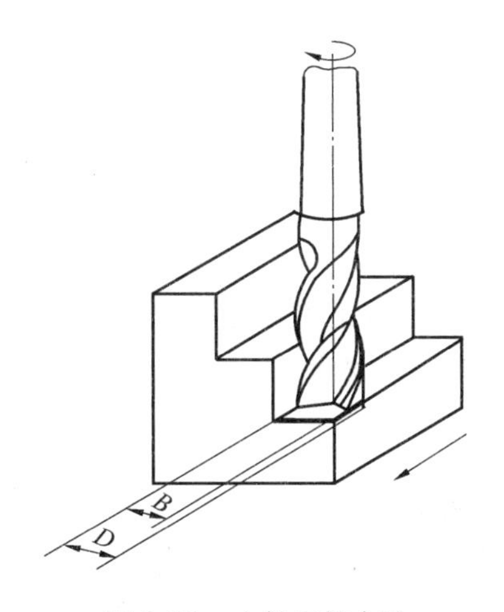

图 4.35　立铣刀铣台阶

(4) 组合铣刀铣台阶。

成批生产双面台阶键时,常采用两把铣刀组合起来铣削。这不仅可以提高生产率,而且操作简单,并能保证加工的质量要求。

采用组合铣刀铣台阶时,应注意仔细调整两把铣刀之间的距离,使其符合台阶凸台宽度尺寸的要求,如图 4.36 所示。同时,也要调整好铣刀与工件的铣削位置。

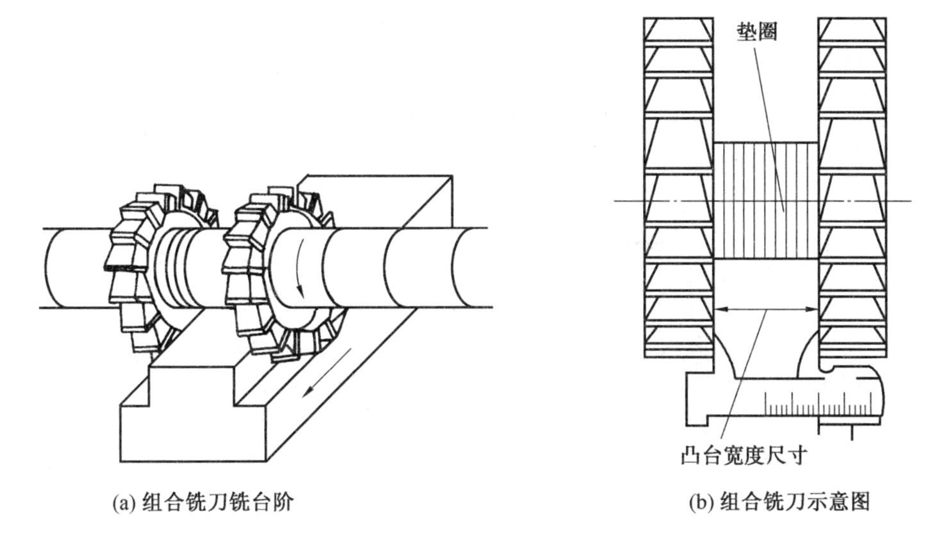

(a) 组合铣刀铣台阶　(b) 组合铣刀示意图

图 4.36　组合铣刀铣台阶及组合铣刀示意图

选择铣刀时,两把铣刀必须规格一致、直径相同。必要时可将两把铣刀一起装夹,同时在磨床上刃磨其外圆柱面上的刀刃。

两把铣刀内侧刀刃间的距离,有多个铣刀杆垫圈进行间隔调整。通过不同厚度垫圈的安装,使其符合台阶凸台宽度尺寸的铣削要求。在正式铣削之前,应使用废料进行试铣削,以确定组合铣刀符合工件的加工要求。装刀时,两把铣刀应错开半个刀齿,以减轻铣削中的振动。

6. 直角沟槽的铣削方法

(1) 铣刀的选择：直角沟槽主要使用三面刃铣刀铣削，也可以使用立铣刀、合成铣刀来铣削。

选择的三面刃铣刀的宽度 L 应等于或小于所加工工件的槽宽 B，即 $L \leqslant B$；三面刃铣刀的直径应大于刀杆垫圈直径 d 与 2 倍的沟槽深度 H 之和，即 $D > d + 2H$，如图 4.37 所示。对于槽宽 B 的尺寸精度要求较高的沟槽，通常选择宽度小于槽宽的三面刃铣刀，采用扩刀法，分两次以上铣削达到其精度要求。

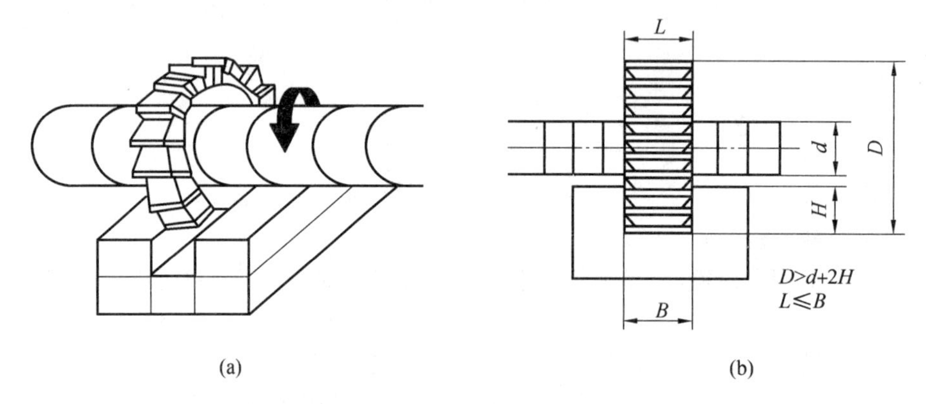

图 4.37　铣刀的选择

(2) 工件的装夹：一般情况下工件采用平口钳装夹。铣削窄长的直角沟槽时，平口钳固定钳口应与铣床主轴轴线垂直，如图 4.38(a) 所示；在窄长工件上铣削垂直于工件长度方向的直角沟槽时，平口钳固定钳口应与铣床主轴轴线平行，如图 4.38(b)，这样可以保证铣削出的直角沟槽两侧面与工件的基准面平行或垂直。

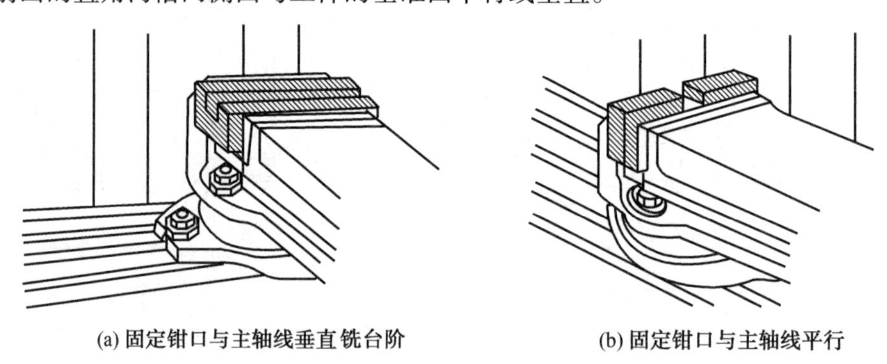

(a) 固定钳口与主轴线垂直铣台阶　　(b) 固定钳口与主轴线平行

图 4.38　工件的装夹

(3) 对刀的方法：平行于侧面的直角沟槽工件，在装夹校正之后，所进行的对刀方法与铣削台阶时的对刀方法基本相同。将回转的三面刃铣刀的侧面刀刃轻擦工件侧面后，垂直向下移动工作台，使工件台横向移动一个等于铣刀宽度 L 加槽侧面到工件侧面的距离 C 的位移量 $A(A = L + C)$，如图 4.39 所示。将横向进给紧固后，按槽的深度上升调整工件台，即可对工件进行铣削。

同时，也可使用立铣刀及合成铣刀铣直角沟槽。当直角沟槽宽度大于 25 mm 时，一般

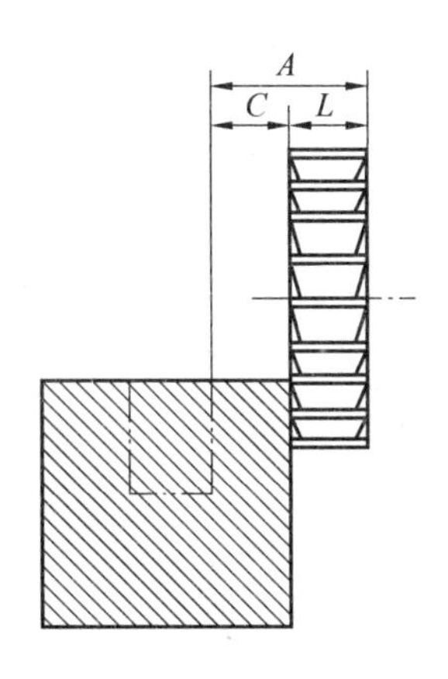

图 4. 39　对刀方法

采用立铣刀使用扩铣法进行加工(图 4. 40),或采用合成铣刀铣削,工件装夹与对刀的方法与三面刃铣刀基本相同。

合成铣刀是由两半部镶合而成的。当铣刀刀齿因刃磨后宽度变窄时,在其中间加垫圈或垫片即可保证铣削的宽度,如图 4. 41 所示。合成铣刀的切削性能较好,生产效率也较高,但是这种铣刀的制造很复杂,所以限制了其广泛使用。

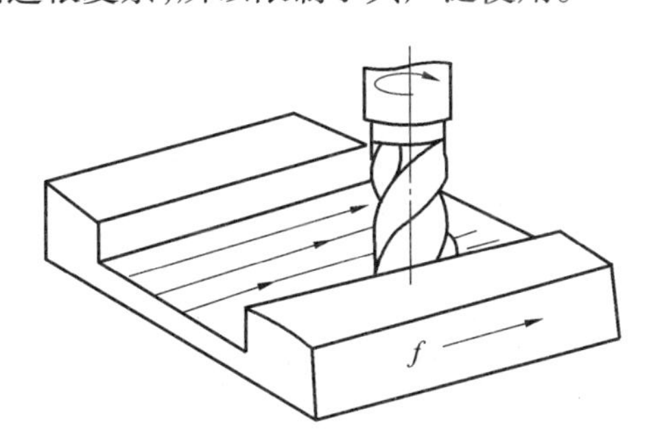

图 4. 40　采用立铣刀扩铣削直角沟槽

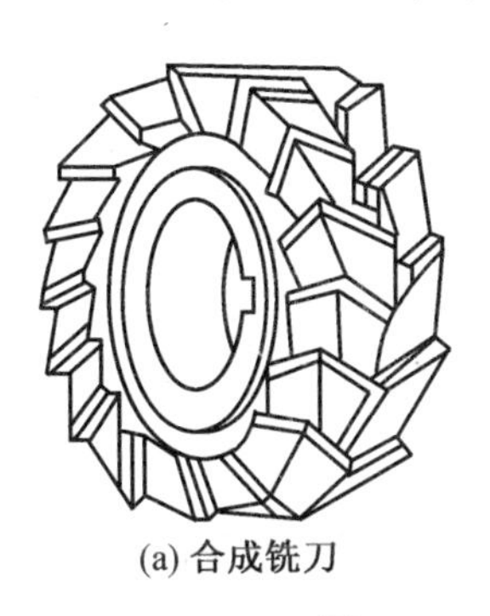

(a) 合成铣刀

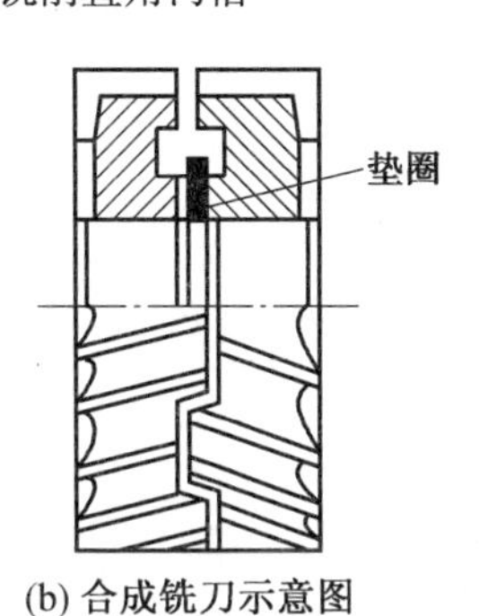

(b) 合成铣刀示意图

图 4. 41　合成铣刀的构成

(4) 直角沟槽的检测:直角沟槽的长度、宽度和深度一般使用游标卡尺和深度游标卡尺检测。工件尺寸精度较高时,槽的宽度尺寸可以用极限量规(塞规) 检测;其对称度或平行度可以使用游标卡尺或杠杆百分表检测,如图 4. 42 所示。检测时,分别以工件两侧面为基准面靠在平板上,然后使用百分表的检测触头触到工件的槽侧面上,平移工件检测，两次检测所得百分表的指示读数之差值，即其对称度（或平行度）误差值。

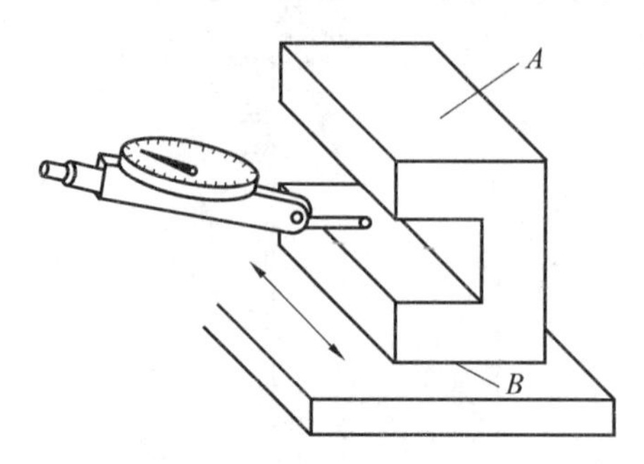

图 4. 42　用杠杆百分表检测直角沟槽的对称度

Ⅱ. 工艺路线分析

1. 加工用刀具与切削用量的选择

压板加工选择的刀具主要有端铣刀和键槽铣刀，具体选择见表 4. 4。

表 4. 4　压板加工选择的刀具

序　　号	刀具规格	
	类 型	材 料
1	端铣刀	硬质合金
2	ϕ 10 键槽铣刀	高速钢

压板粗加工和精加工的切削用量见表 4. 5。

表 4. 5　压板加工切削用量选择

序号	加工内容	切削深度 a_p/mm	进给量 f/(mm · min^{-1})	转速 n/(r · min^{-1})
1	车端面	0. 2	—	450
2	切断	4	—	450
3	粗铣四方	1. 5	20	300
4	精铣四方	0. 2	15	300
5	粗铣斜面	1. 5	20	300
6	精铣斜面	0. 2	15	300
8	铣通槽	1	—	300

2. 加工工艺规程的制定

压板的加工工艺规程见表 4. 6。

表4.6　压板的加工工艺规程

零件名称		材料	数量	毛坯种类	毛坯尺寸
压板		45号钢	1	圆钢	ϕ26 mm × 62 mm
工序	设备	装夹方式		加工内容	
1	CA 6140	三爪自定心卡盘		车	车两端平端面,总长车至60 mm
2	X5032	平口钳		铣	铣四方60 mm × 20 mm × 12 mm
3				划	划斜面线
4	X5032	平口钳		铣	铣准斜面
5				划	划10 mm沟槽线
6	X5032	平口钳		铣	铣沟槽
7				钳	清理毛刺,锐边倒钝

Ⅲ.知识拓展

一、轴上键槽的铣削

轴类工件的装夹,不但要保证工件在加工中稳定可靠,还要保证工件的轴线位置不变,保证键槽的中心平面通过其轴线。

1.工件装夹方法

工件常用的装夹方法有平口钳、V形架、分度头定中心装夹等,具体方法如下:

(1)平口钳装夹轴类工件。

平口钳装夹轴类工件如图4.43所示。此方法装夹简便、稳固,但当工件直径发生变化时,工件轴线在左右(水平位置)和上下方向都会产生移动。在采用定距切削时,会影响键槽的深度尺寸和对称度。此法常用于单件生产。

若想成批地在平口钳上装夹工件铣削键槽,必须是直径公差很小、经过精加工的工件。

在平口钳上装夹工件铣削键槽,需要先校正平口钳钳体的定位基准,以保证工件的轴线与工作台纵向进给方向平行,同时也与工作台台面平行。

(2)V形架装夹轴类工件。

把轴类工件置于V形架(又称V形铁)内,并用压板进行紧固的装夹方法,如图4.44所示,此方法是铣削轴上键槽常用的、比较精确的定位方法之一。

在V形架上,当一批工件的直径因加工误差而发生变化时,工件的轴线只能沿V形架的角平分面上下移动变化。虽然会影响键槽的深度尺寸,但能保证其对称度不发生变化,且槽的深度变化量一般不会超过槽深的尺寸公差($0.707\Delta d$)。因此,该方法适宜大批量

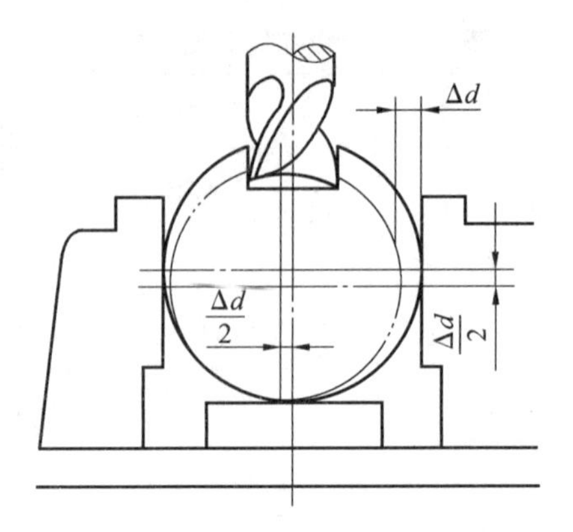

图 4.43　平口钳装夹轴类工件

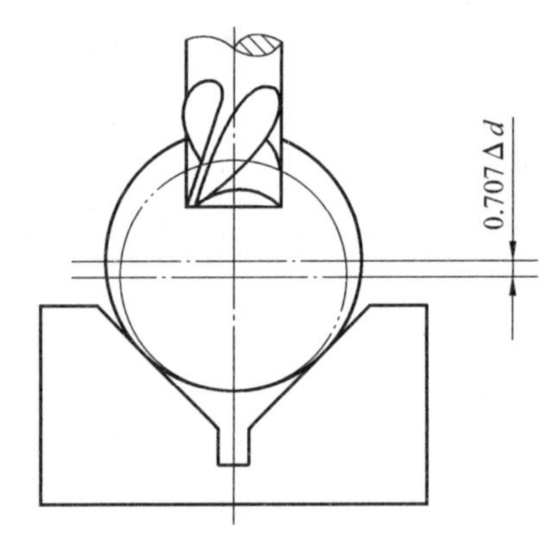

图 4.44　V 形架装夹轴类工件

加工中使用。

若要装夹的轴类工件较长时,可使用两个成对制造的同规格 V 形架来装夹,如图4.45所示。

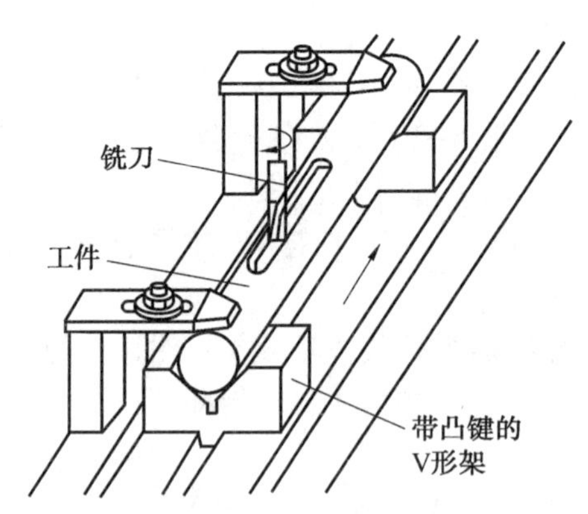

图 4.45　使用一对 V 型架来装夹长轴类工件

(3) 在工作台上直接装夹轴类工件。

直径为 20 ~ 60 mm 的长轴工件,可将其直接放在工作台中间的 T 形槽上,用压板夹紧后铣削轴上的键槽,如图 4.46 所示。此时,T 形槽槽口的倒角斜面起着 V 形架的定位作用。因此,只要工作圆柱面与槽口倒角斜面相切即可。

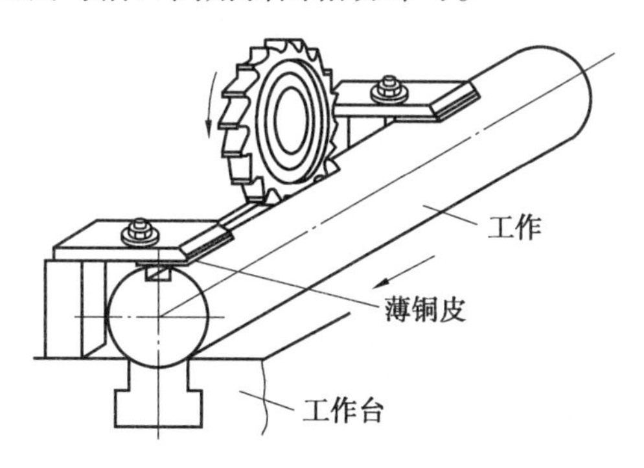

图 4.46　在工作台上直接装夹轴类工件

铣削长轴上的通键槽或半通键槽,其深度可以一次铣成。铣削时,由工件端部先铣入一段长度后停车,将压板压在铣好的槽部,压板和工件之间垫铜皮后夹紧。观察铣刀碰不着压板,再开车继续铣削。

(4) 分度头定中心装夹轴类工件。

分度头定中心装夹方法使工件轴线位置不受其直径变化的影响,因此轴上键槽的对称性也不受工件直径变化的影响,如图 4.47 所示。使用之前,要先用标准心轴校正上素线和侧索线,保证标准心轴的上素线与工作台面平行,侧索线与纵向进给方向平行。

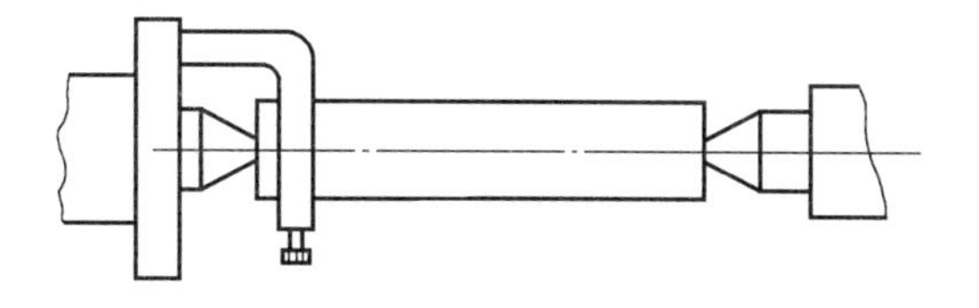

图 4.47　分度头定中心装夹轴类工件

2. 铣刀位置的调整

为保证轴上键槽对称于工件轴线,必须调整好铣刀的铣削位置,使键槽铣刀的轴线或盘形铣刀的对称平面通过工件轴线(俗称铣刀对中心)。常用按切痕调整对中心、侧面擦刀调整对中心、测量法调整对中心及杠杆百分表调整对中心四种方法,具体如下:

(1) 按切痕调整对中心。

盘形铣刀按切痕调整对中心时,先让旋转的铣刀接近工件的上表面,通过横向进给,铣刀在工件表面铣出一个椭圆形的切痕。然后,横向移动工作台,将铣刀宽度目测调整到椭圆的中心位置,即完成铣刀对中心,如图 4.48 所示。这种方法简便但准确性不高。

键槽铣刀按切痕调整对中心的原理和方法与盘形铣刀按切痕调整对中心相同,只是键槽铣刀铣出的切痕是个矩形小平面。铣刀对中心时,将旋转的铣刀调整到小平面的中间位置即可,如图 4.49 所示。

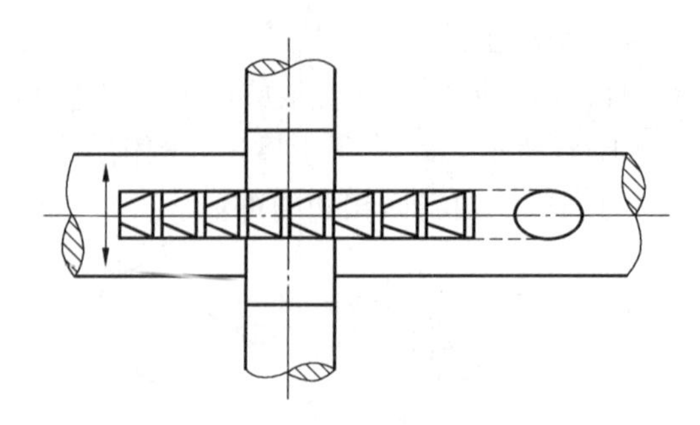

图 4.48　盘形铣刀按切痕调整对中心

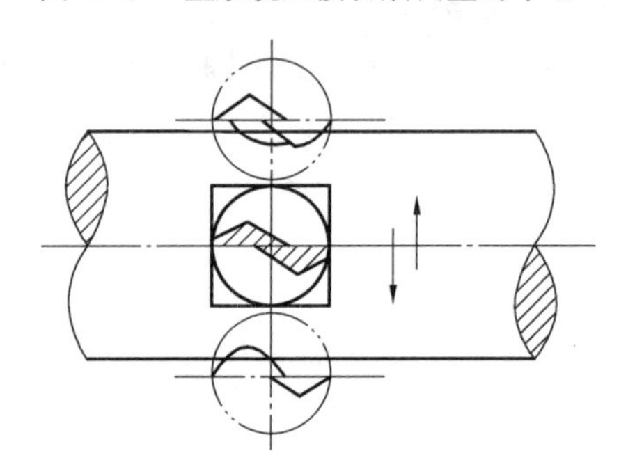

图 4.49　键槽铣刀按切痕调整对中心

(2) 侧面擦刀调整对中心。

侧面擦刀调整对中心的精度较高。调整时,先在直径为 D 的轴上贴一张厚度为 δ 的薄纸。将宽度为 L 的盘形铣刀(或直径为 d 的键槽铣刀) 逐渐靠向工件,当回转的铣刀刀刃擦到薄纸后,垂直降下工作台,将工作台横向移动一个距离 A,即可实现对中心,如图 4.50 所示。

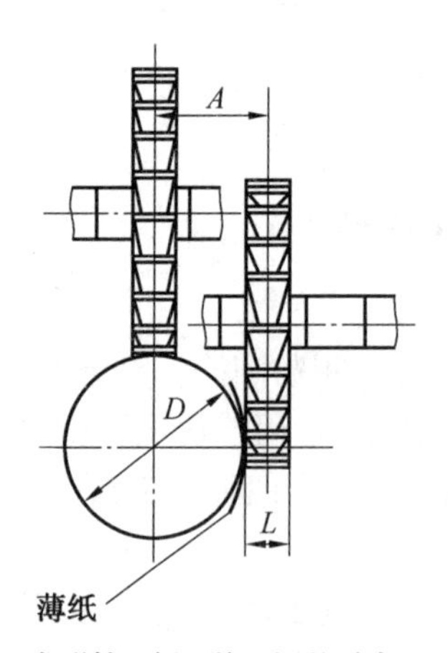

(a) 盘形铣刀侧面擦刀调整对中心

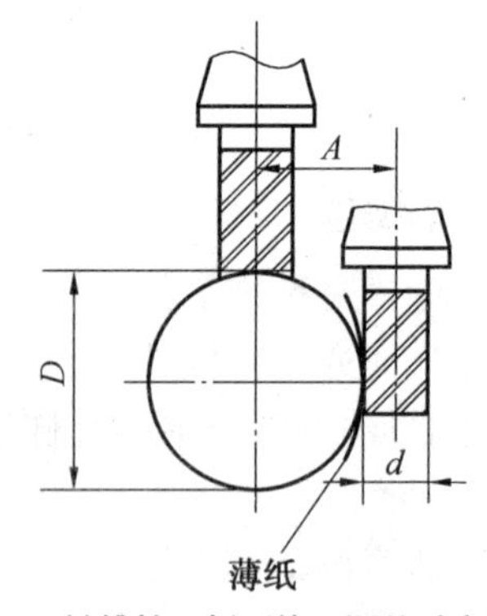

(b) 键槽铣刀侧面擦刀调整对中心

图 4.50　侧面擦刀调整对中心

使用盘形铣刀时:$A = \frac{D + L}{2} + \delta$;使用键槽铣刀时:$A = \frac{D + d}{2} + \delta$。

(3) 测量法调整对中心。

工件利用平口钳装夹时,可在立式铣床主轴上先装夹一根与铣刀直径相近的量棒,通过使用游标卡尺测量棒与两侧钳口间的距离来进行调整,当两侧距离相等时铣床主轴即位于工件的中心。卸下量棒,换上键槽铣刀即可进行铣削,如图 4. 51 所示。

图 4. 51　测量法调整对中心

(4) 杠杆百分表调整对中心。

杠杆百分表调整对中心精度最高,适合于立式铣床上采用。调整时,将杠杆百分表固定在铣床主轴上,用手转动主轴,参照百分表的读数,可以精确地移动工件台,实现准确对中心,如图 4. 52 所示。

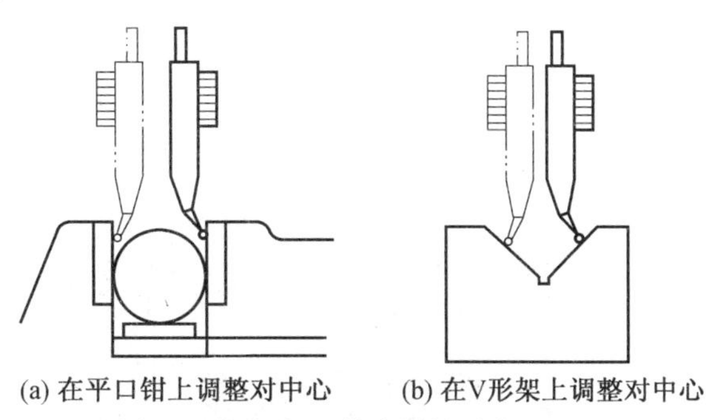

(a) 在平口钳上调整对中心　(b) 在V形架上调整对中心

图 4. 52　杠杆百分表调整对中心

3. 轴上键槽的铣削方法

轴上键槽在铣削时,为避免铣削力使工件产生振动和弯曲,应在轴的切削位置的下面使用千斤顶进行支承,如图 4. 53 所示。为了进一步校准对中心是否准确,在铣刀开始切削工件时,不要浇注切削液。手动进给缓慢移动工作台,若轴的一侧先出现台阶,则说明铣刀还未对准中心。应将工件出现台阶一侧向着铣刀做横向的微调,直至轴的两侧同时出现等高的小台阶(即铣刀对准中心) 为止,如图 4. 54 所示。

(1) 采用盘形铣刀铣削键槽。

轴上键槽为通键槽或一端为圆弧形的半通键槽,一般都采用三面刃铣刀或盘形铣刀进行铣削,如图 4. 55 所示。使用盘形铣刀铣削轴上键槽时,应按照键槽的宽度尺寸选择盘形铣刀的宽度。工件装夹完毕并调整铣刀对中心后进行铣削。将旋转的铣刀主刀刃与工件圆柱表面(上素线) 接触时,纵向退出工件,按键槽深度将工作台上升。然后,将横向进给机构锁紧,即可开始铣削键槽。

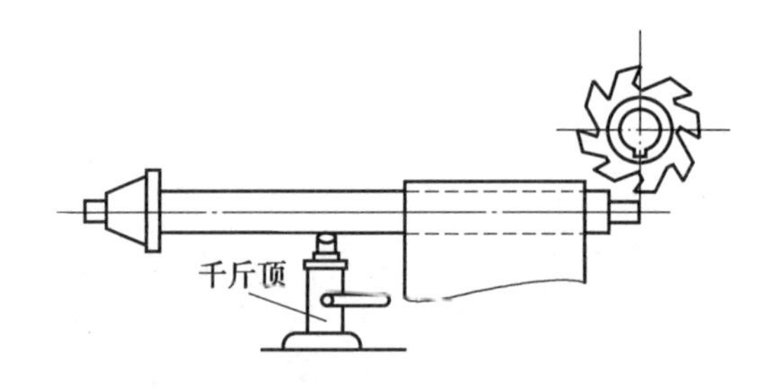

图 4.53　使用千斤顶支承铣削部位

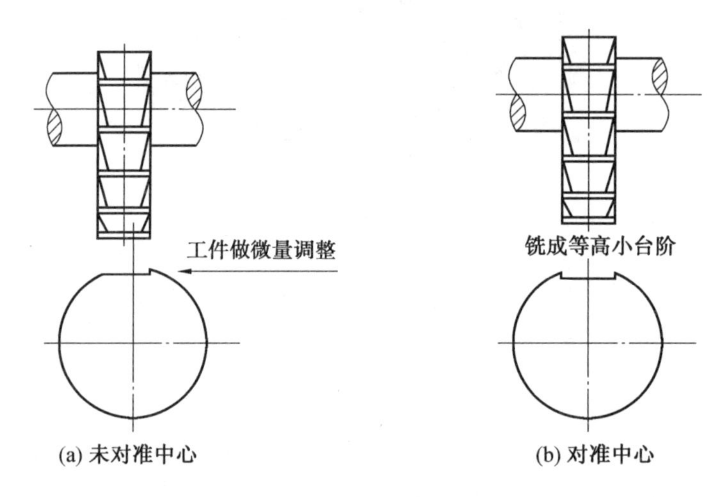

图 4.54　工件铣削位置的调整

图 4.55　采用盘形铣刀铣削键槽

(2) 采用键槽铣刀铣削键槽。

轴上键槽为封闭键槽或一端为圆弧形的半通键槽，一般采用键槽铣刀进行铣削。使用键槽铣刀铣削键槽时，有分层铣削法和扩刀铣削法两种铣削方法。

① 分层铣削法：在每次进刀时，铣削深度 a_p 取 0.5 ~ 1.0 mm，手动进给由键槽的一端铣向另一端，然后再吃深，重复铣削。铣削时应注意键槽两端要各留长度的余量 0.2 ~ 0.5 mm。在逐次铣削达到键槽深度后，最后铣去两端余量使其符合长度要求，如图 4.56 所示。此法主要适用于键槽长度尺寸较短、生产数量不多的轴上键槽的铣削。

② 扩刀铣削法:先用直径比槽宽尺寸略小的铣刀分层往复地粗铣至槽深。槽深留余量0. 1 ~ 0. 3 mm;槽长两端各留余量0. 2 ~ 0. 5 mm。再用符合键槽宽度尺寸的键槽铣刀进行精铣,如图 4. 57 所示。

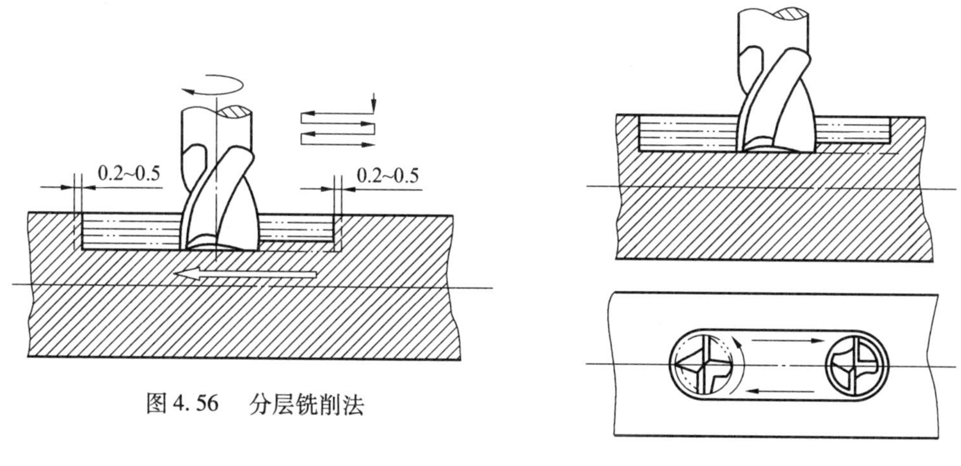

图 4. 56　分层铣削法

图 4. 57　扩刀铣削法

二、轴上键槽的检测方法

轴上键槽的检测内容主要包括键槽宽度的检测、深度的检测及两侧面相对轴线的对称度检测。其检测的具体方法如下。

(1) 键槽宽度的检测:键槽的宽度可使用游标卡尺测量或塞规、塞块来检验。使用塞规和塞块检验时,键槽以“通端通,止端止”为合格,如图 4. 58 所示。

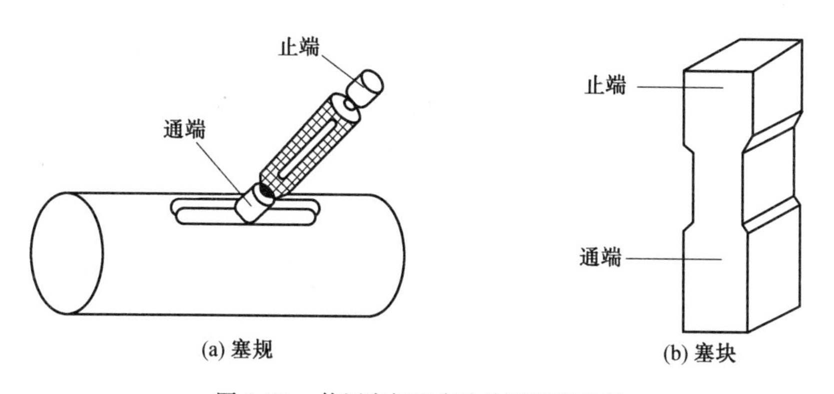

图 4. 58　使用塞规和塞块检测键槽宽度

(2) 键槽深度的检测:键槽深度的检测可使用千分尺直接测量(图 4.58(a))。当槽宽较窄,千分尺无法直接测量时,可用量块配合游标卡尺或千分尺间接测量槽深,如图 4.59(b) 所示。

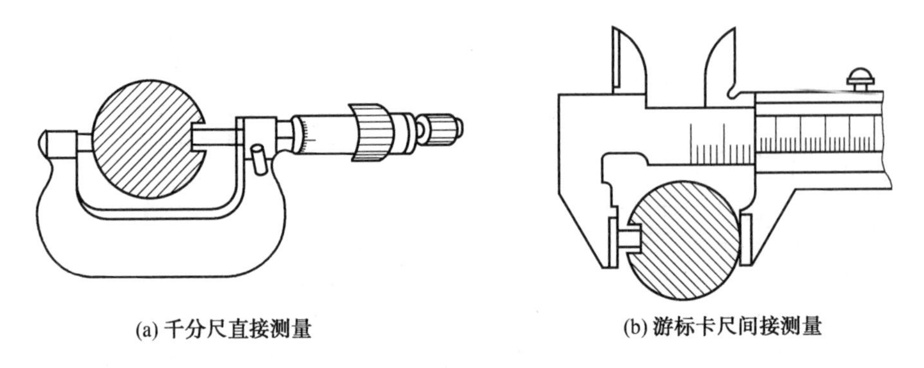

(a) 千分尺直接测量　　(b) 游标卡尺间接测量

图 4.59　检测键槽深度

(3) 键槽对称度的检测:检测时,先将一块厚度与键槽尺寸相同的平行塞块塞入键槽内,使用百分表校正塞块的 A 平面与平板或工作台面平行并记下百分表的读数。将工件转过 180°,在用百分表校正塞块的 B 平面与平板或工作台面平行并记下百分表的读数。两次读数的差值即为键槽的对称度误差。如图 4.60 所示。

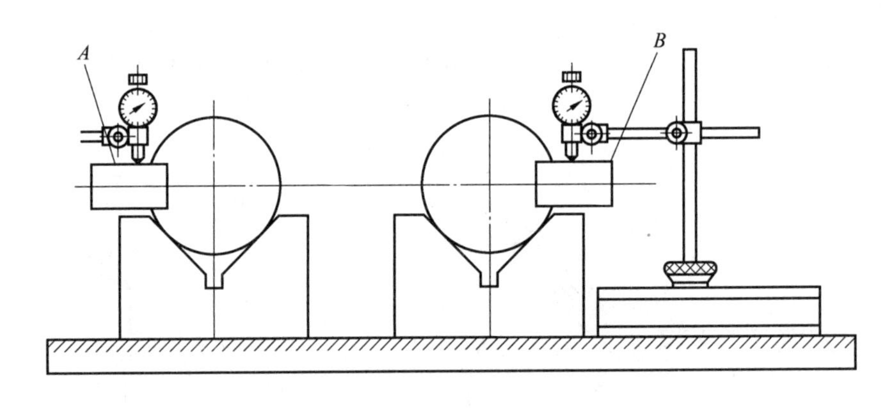

图 4.60　对称度的检测

测　试　题

一、填空题

1. 铣床类型很多,主要包括________、________、________和________等。

2. 在铣床上装夹工件的方法很多，常用的有____________、____________和____________。

3. X5032 型铣床主轴锥孔的锥度为____________。

4. 铣刀按刀齿构造分类可以分为____________和____________。

5. 铣削加工常用的通用夹具有____________、____________和____________。

二、问答题

1. 简述铣削加工的范围。

2. 什么叫顺铣？什么叫逆铣？各有哪些优缺点？

3. 简述台阶的铣削方法。

4. 简述轴上键槽的铣削方法。

5. 铣刀按用途分可以分为哪几类?

三、实际操作题

1. 铣削如题图 4.1 所示的零件。

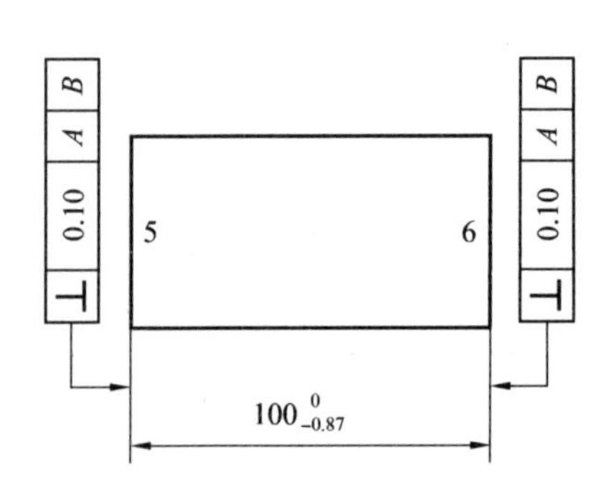

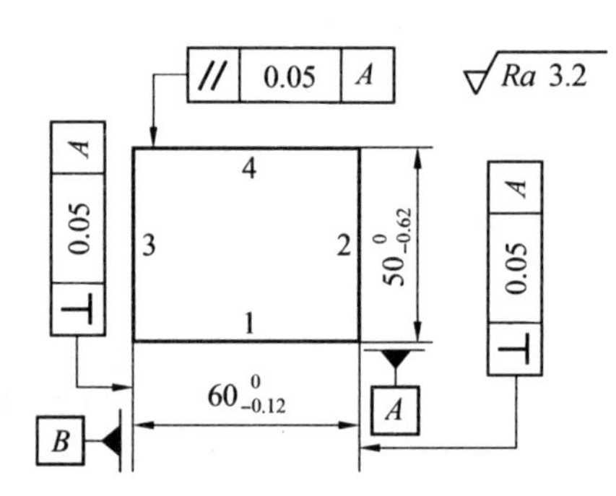

题图 4.1

2. 铣削如题图 4.2 所示的零件。

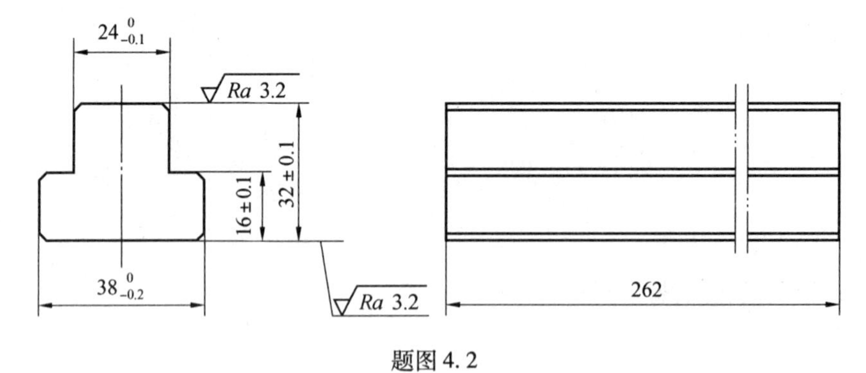

题图 4.2

3. 铣削如题图 4.3 所示的零件。

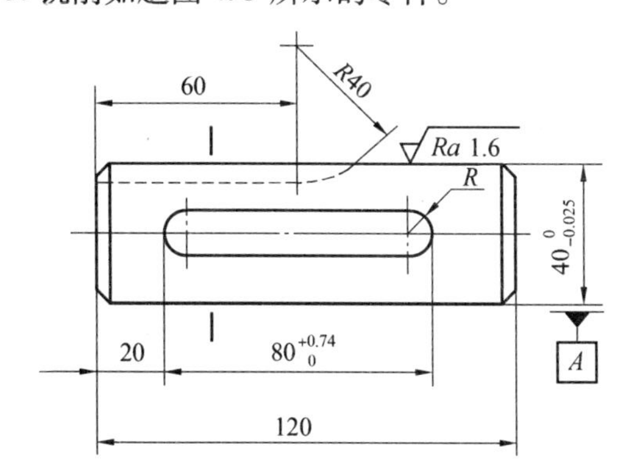

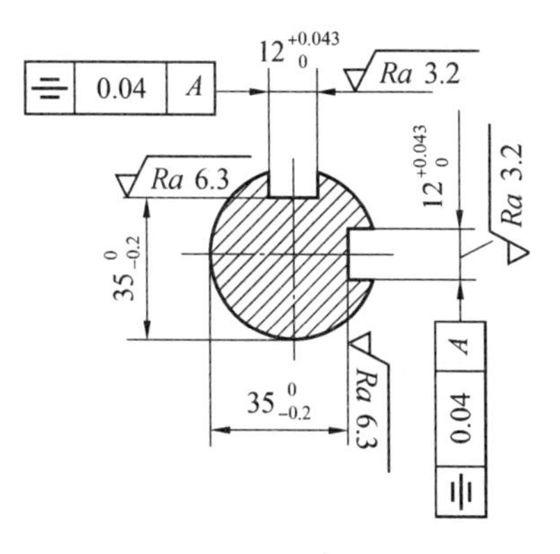

题图 4.3

任务五　连接叉的加工

任　务　单

<table>
<tr><td>学习领域</td><td>普通机械加工——铣削加工</td></tr>
<tr><td>任务描述</td><td>连接叉的加工(图 5.1)</td></tr>
<tr><td>学习目标</td><td>1. 掌握在铣床上加工孔的方法及工艺
2. 掌握在铣床上加工特形面的方法及工艺
3. 掌握钻头的刃磨方法
4. 掌握车、铣复合零件的工艺安排</td></tr>
<tr><td>项目分析</td><td>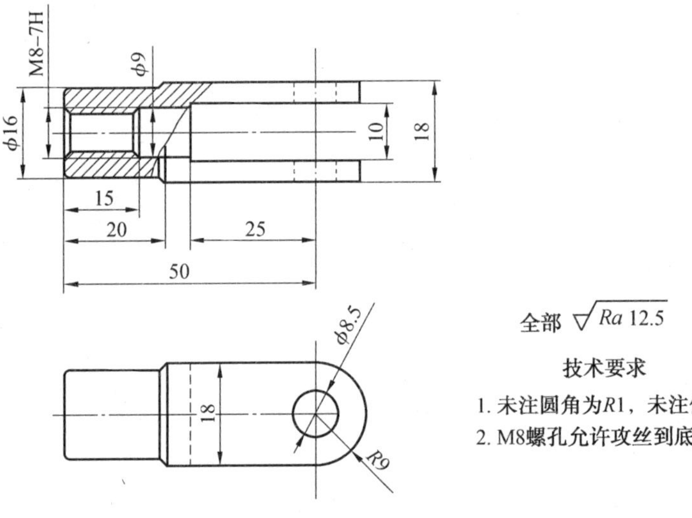
M8–7H
ϕ9
ϕ16
10
18
15
20
25
50
ϕ8.5
18
R9
全部 Ra 12.5
技术要求
1. 未注圆角为R1，未注倒角为1.5×45°；
2. M8螺孔允许攻丝到底。
图 5.1　连接叉图样</td></tr>
<tr><td>图样分析</td><td>加工如图 5.1 所示的连接叉,其中在车床上加工 ϕ 16 mm 的连接端包括 M8 的螺纹,然后铣削连接叉四面、中间的直槽、R 9 的两个圆弧面和钻 ϕ 8. 5 mm 的孔。整体粗糙度要求 Ra12. 5 μm</td></tr>
<tr><td>毛坯准备</td><td>采用棒料毛坯,尺寸为 ϕ 26 mm × 62 mm,毛坯材料为 45 号钢,退火状态</td></tr>
</table>

知识链接

Ⅰ.知识与技能

一、孔的加工

1. 麻花钻的刃磨

(1) 刃磨的基本要求。

① 根据加工材料刃磨出正确的顶角 $2\kappa_r$，钻削一般中等硬度的钢和铸铁时，$2\kappa_r = 116° \sim 118°$。

② 两条主切削刃的长度应相等，与轴线的夹角也应该相等，且成直线，以防止钻削时产生晃动或单边切削而造成孔径扩大、轴线不直和孔壁粗糙等缺陷。

③ 磨出恰当的后角，以确定正确的横刃斜角 ψ，一般 $\psi = 50° \sim 55°$。

④ 刃磨时注意冷却，尤其是刃磨小直径钻头时，应防止切削部分因过热而引起退火。

⑤ 钻头的主切削刃、刃尖和横刃应锋利，不允许有钝口、崩刃。

(2) 麻花钻的刃磨。

麻花钻的刃磨可以运用四句口诀来指导刃磨过程。

① 口诀一：刃口摆平轮面靠。

这是钻头与砂轮相对位置第一步。这里"刃口"是指主切削刃；"摆平"是指被刃磨部分主切削刃处于水平位置；"轮面"是指砂轮表面；"靠"是慢慢靠拢意思。此时钻头还不能接触砂轮。

② 口诀二：钻轴斜放出锋角。

这里是指钻头轴心线与砂轮表面之间的位置关系。"锋角"即顶角 118° ±2° 的一半，约为 60°，这个位置很重要，直接影响钻头的顶角大小及主切削刃形状和横刃斜角。

口诀一和口诀二都是指钻头刃磨前相对位置，二者要统筹兼顾，不要摆平刃口而忽略了摆好斜放轴线，或摆好斜放轴线而忽略了摆平刃口。实际操作中往往很会出这些错误。此时钻头位置应在正确情况下准备接触砂轮。

③ 口诀三：由刃向背磨后面。

这里是指从钻头刃口开始整个从后刀面缓慢刃磨，这样便于散热和刃磨。稳定巩固口诀一、二基础上，钻头此时可轻轻接触砂轮，进行较少量刃磨，刃磨时要观察火花均匀性，及时调整压力大小，并注意钻头冷却。当冷却后重新开始刃磨时，要继续摆好口诀一、二位置，这一点往往初学时不易掌握，常常会不由自主改变其位置正确性。

④ 口诀四：上下摆动尾别翘。

这个动作在钻头刃磨过程中也很重要，往往有初学者刃磨时把"上下摆动"变成了"上下转动"，使钻头另一主刀刃被破坏。同时钻头尾部不能高翘于砂轮水平中心线以上，否则会使刃口磨钝，无法切削。

在上述四句口诀中动作要领基本掌握的基础上，要及时注意钻头后角，不能磨过大或过小。可以用一支过大后角钻头和另一支过小后角钻头在台钻上试钻。过大后角钻头钻削时孔口呈三边或五边形，振动厉害，切屑呈针状；过小后角钻头钻削时轴向力很大，不易切入，钻头发热严重，无法钻削。比较、观察、反复"少磨多看"试钻及对横刃适当修磨，能较快掌握麻花钻正确刃磨方法，较好地控制角度大小。当试钻时，钻头排屑轻快，无振动，孔径无扩大，则可以较好转入其他类型钻头刃磨练习。

(3) 麻花钻刃磨时的注意事项。

① 刃磨时，用力要均匀，不能过猛，应经常目测磨削情况，随时修正。

② 刃磨时，应注意磨削温度不应过高，要经常在水中冷却钻头，以防止退火降低硬度，降低切削性能。

③ 刃磨时，钻头切削刃的位置应略高于砂轮中心平面，以免磨出负后角，致使钻头无法切削。

④ 刃磨时，不要由刃背磨向刃口，以免造成刃口退火。

2. 铣床上的钻孔方法

(1) 孔的技术要求。

① 孔的尺寸精度：主要是孔的直径，其次是孔的深度。用麻花钻钻孔的尺寸经济精度可达 IT11 ~ IT12。

② 孔的形状精度：主要有孔的圆度、圆柱度和轴线的直线度。

③ 孔的位置精度：主要有孔与孔或孔与外圆之间的同轴度、孔与孔的轴线或孔的轴线与基准面的平行度、孔的轴线与基准面的垂直度、孔的轴线对基准的偏移量的位置度要求。

④ 孔的表面粗糙度：表面粗糙度 Ra 值可达 6.3 ~ 12.5 μm。

(2) 切削用量。

① 切削速度 v_c：麻花钻切削刃外缘处的线速度表达式为

$$v_c = \frac{\pi d n}{1\,000}$$

式中　v_c—— 切削速度，m/min；

d—— 麻花钻外缘处直径，mm；

n—— 麻花钻转速，r/min。

② 进给量：

麻花钻每转一转钻头与工件在进给运动方向（麻花钻轴向）上的相对位移量为每转进给量 f，单位为 mm/r。

麻花钻为多刃刀具，如有两条刀刃（刀齿），其每齿进给量 f_Z（单位为 mm/z）等于每转进给量 f 的一半。

③ 切削深度 a_P：一般指工件已加工表面与待加工表面间的垂直距离。钻孔时切削深度为麻花钻直径的一半，即 $a_P = \frac{1}{2}d$。

钻孔时，切削速度的选择主要根据被钻孔工件的材料和所钻孔的表面粗糙度要求及麻花钻的耐用度来确定。一般在铣床上钻孔，由于工件做进给运动，因此钻削速度应选低一些。此外，当孔的直径较大时，也应在钻削速度范围之内选择低些。钻削速度的选择见表5.1。

表5.1　钻削速度选择表

加工材料	$v_c/(\mathrm{m \cdot min^{-1}})$	加工材料	$v_c/(\mathrm{m \cdot min^{-1}})$
低碳钢	25 ~ 30	铸铁	20 ~ 25
中、高碳钢	20 ~ 25	铝合金	40 ~ 70
合金钢、不锈钢	15 ~ 20	铜合金	20 ~ 40

进给量的选择与钻孔直径大小、工件材料及孔表面质量等有关。在铣床上钻孔一般采用手动，但也可采用机动。每转进给量f在加工铸铁和有色金属材料时可选0.15 ~ 0.50 mm/r，加工钢材时可取0.10 ~ 0.35 mm/r。

(3) 钻孔方法。

① 按划线钻孔：按图样上孔的位置尺寸要求，在工件上划出孔的中心位置线和孔径尺寸线，并在孔的中心位置及孔的圆周上打样冲眼，如图5.2所示。较小尺寸的工件可用平口钳装夹，较大尺寸的工件可用压板及螺栓装夹，如图5.3所示。

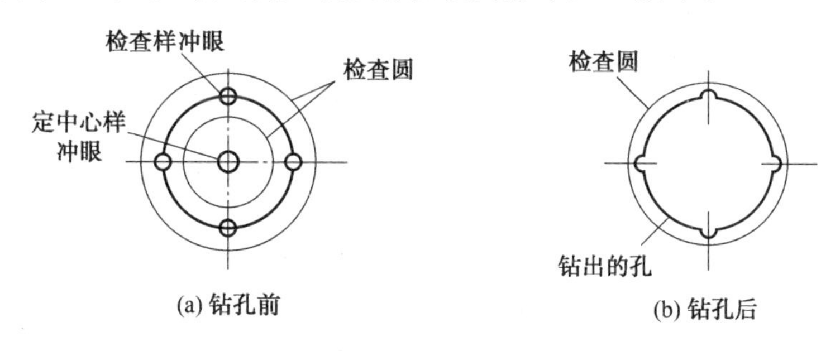

(a) 钻孔前　(b) 钻孔后

图5.2　钻孔划线

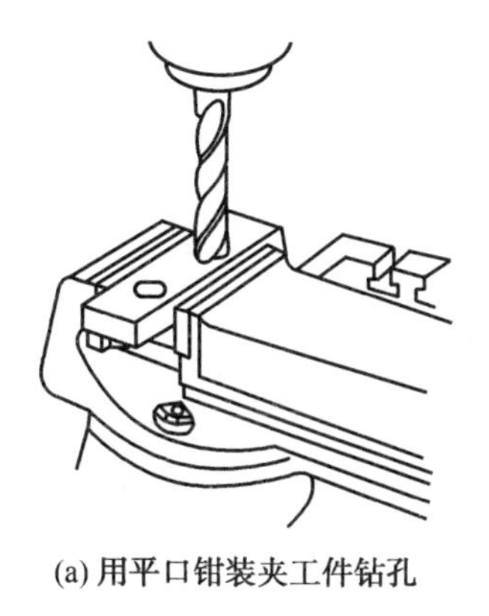

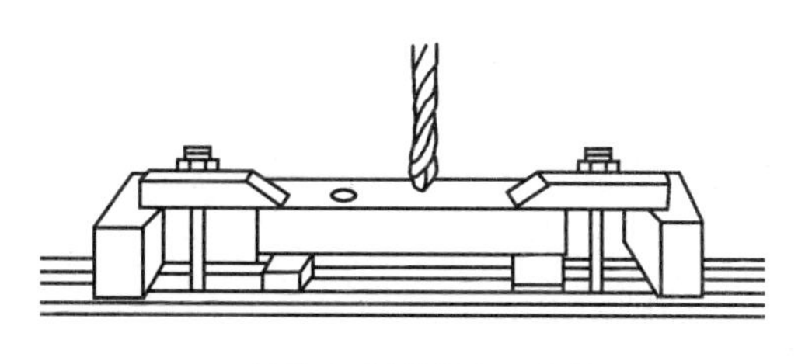

(a) 用平口钳装夹工件钻孔　(b) 用压板、螺栓装夹工件钻孔

图5.3　钻孔时工件装夹

钻削时,先调整好主轴转速,移动工件使麻花钻与工件中心重合(目测),然后试钻少许成一浅孔,观察是否偏心。若偏心时应重新进行校准。校准时,可在浅孔与划线距离较大处錾几条浅槽,如图 5.4 所示。校准并落钻再试钻,待对准后即可开始钻孔。对于通孔,当钻头快要钻通时应减慢速度,钻通后方可退刀。

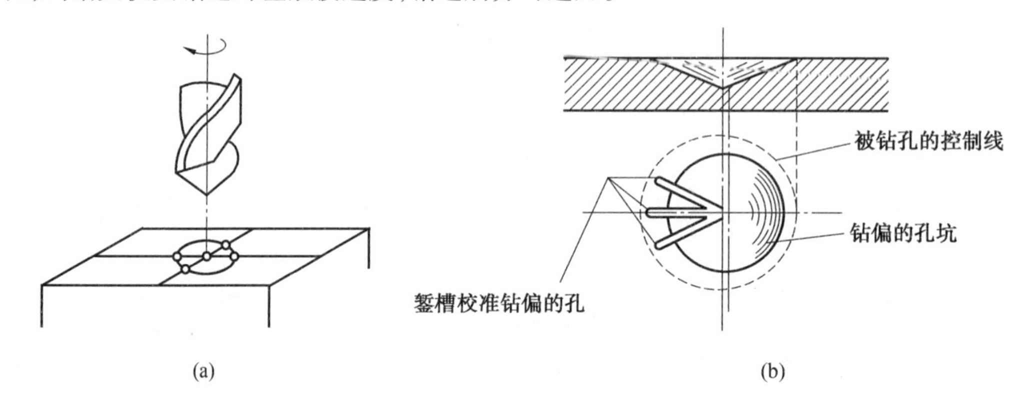

图 5.4　按划线钻孔

② 按靠刀法钻孔:孔对基准的孔距公差要求较严时,用划线法钻孔不易控制,此时可利用铣床的纵向、横向手轮刻度,采用靠刀法对刀。钻削如图 5.5 所示的工件,先将平口钳固定钳口校正与纵向进给方向平行(或垂直),工件装夹好后用标准圆棒或中心钻装夹在钻夹头中,使标准圆棒外圆与工件一基准刚好靠到后,摇进距离 S_1,再靠另一基准后摇过距离 S,即已对好孔的中心位置。

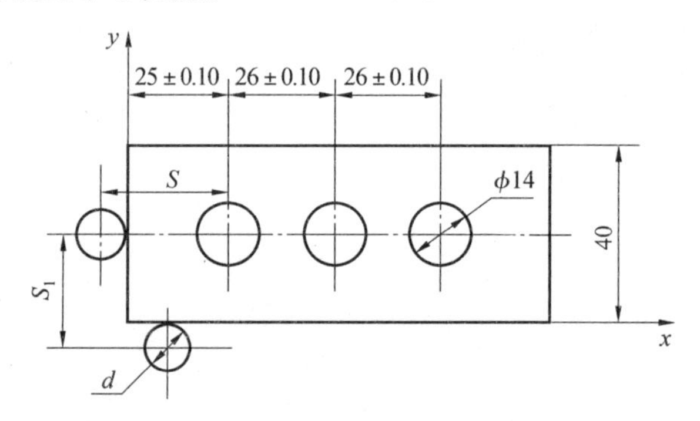

图 5.5　用靠刀法移距离确定孔中心位置

如直接用麻花钻钻孔,会因钻头横刃较长或顶角对称性不好而产生定心不准造成钻偏,使孔距公差难以保证。为了保证孔距公差,可先用中心钻钻出锥坑作为导向定位,然后再用麻花钻钻孔就不会产生偏差。中心钻的切削速度不宜太低,否则容易损坏。如 3.15 mm 的中心钻,主轴转速可调至 950 r/min 左右。

一个孔钻削完成后,工作台移动一个孔距,再以相同的方法钻削另一个孔,这样加工的孔距容易得到保证。

③ 用分度头装夹工件钻孔:直径不大的盘类零件可安装在分度头上分度钻孔。先校正分度头主轴轴线与立铣头主轴轴线平行度,并平行于工作台台面,两主轴轴线要处于同一轴向平面内,并校正工件的径向和端面圆跳动符合要求。然后升降工作台和横向进给

固紧，以保证钻孔正确，按要求分度和纵向进给钻孔，如图 5.6 所示。

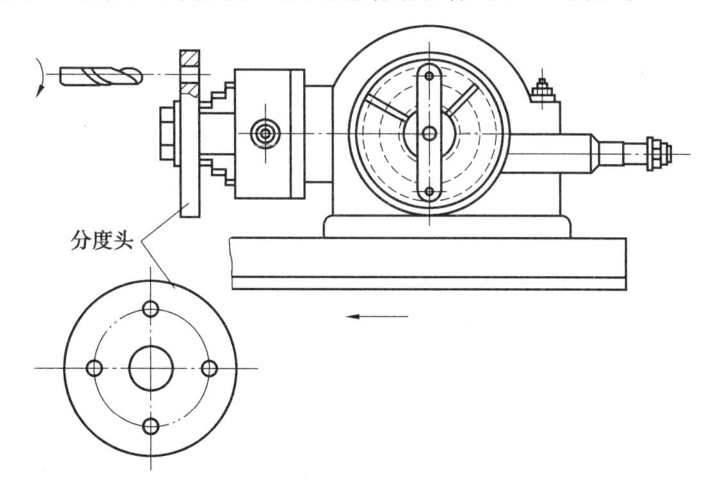

图 5.6　用分度头装夹工件钻孔

④ 用回转工作台装夹工件钻孔：工件直径较大时，可将工件用压板装夹在回转工作台上钻孔，如图 5.7 所示。安装回转工作台并校正其主轴轴线与立铣头主轴轴线同轴，然后装夹、校正工件与回转工作台同轴，移动工作台等于圆半径 R 的距离，使钻头轴线对准被钻孔中心，将工作台纵横向固紧，利用升降台进给钻孔。

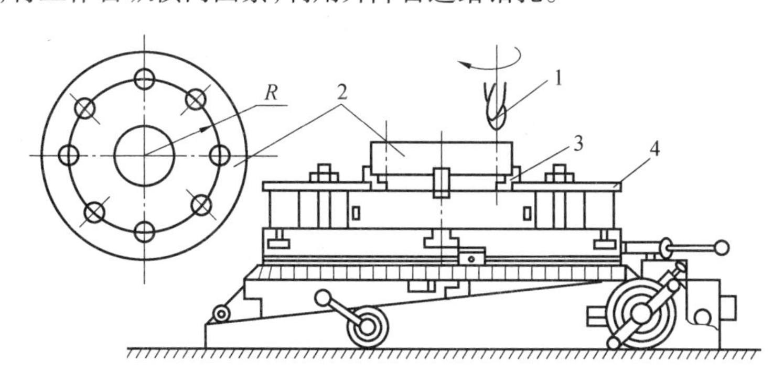

图 5.7　用回转工作台装夹工件钻孔

1— 钻头；2— 工件；3— 三爪自定心卡盘；4— 压板

二、特形面加工

一个或一个以上方向截面内的形状为非圆曲线的型面称为特形面。只在一个方向截面内的形状为非圆曲线的特形面称为简单特形面。简单特形面是由一直素线沿非圆曲线平行移动而形成的。

根据零件的形状不同，简单特形面分为两种。直素线较短时，称为曲线回转面（一般简称曲面），如压板、支承板、凸轮和连杆等，其外形轮廓中有一部分为曲线回转面，曲线回转面可使用立铣刀在立式铣床或仿形铣床上加工。直素线较长时则称为成形面，一般可使用成形铣刀在卧式铣床上加工。

1. 曲线回转面的铣削

铣削曲线回转面的工艺要求如下：

① 曲线的形状应该符合图样要求，曲线连接的切点位置准确。

② 曲线回转面对基准应处于要求的正确相对位置。

③ 曲线回转面连接处圆滑，无明显的啃刀和凸出余量，曲线回转面铣削刀痕平整均匀。

在立式铣床上铣削曲线回转面有三种方法：按划线手动进给铣削、采用回转工作台铣削和采用仿形法（按靠模）铣削。

（1）按划线手动进给铣削曲线回转面。

单件、小批量生产，且精度要求不高的曲线回转面，通常采用按划线由双手配合手动进给的方法，在立式铣床上使用立铣刀的圆周刃铣削。

① 工件的装夹：工件装夹前，先在工件表面划出加工部位的轮廓线并打上样冲眼。工件用压板压紧在工作台台面上，工件下面应垫以平行垫铁，以防止铣伤工作台。工件在工作台上的装夹位置要便于操作，如图 5. 8 所示。

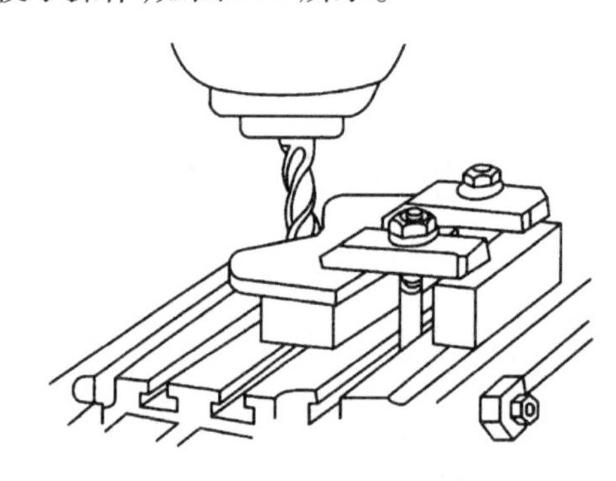

图 5. 8　手动进给铣削曲线回转面

② 铣刀的选择：铣削只有弧线的曲线回转面，立铣刀直径不受限制；铣削有凹弧的曲线回转面，立铣刀的半径必须等于或小于凹弧曲线半径，否则曲线外形将被破坏。

为了保证在铣削时铣刀具有足够的刚性，在条件允许的范围内，尽可能选用直径较大的立铣刀。

③ 铣削方法：

a. 曲线外形各处余量不均匀，有时相差悬殊，因此首先进行粗铣，把大部分余量分几次切除，使划线轮廓周围的余量大致相等。

b. 精铣时，与进给方向平行的直线部分可以采用一个方向进给，其他部分应双手同时操作纵、横两个方向进给手柄，协调配合进给。操作时要精神集中，密切关注铣刀切削刃与划线相切的部位，用逐渐趋近法分几次铣至要求，即铣去样冲眼的一半。

c. 铣削时应始终保持逆铣，尤其是在两个方向同时进给时更应该注意，以免因顺铣折断铣刀和铣废工件。

d. 铣削外形较长又较平坦的部分时，可以一个方向采用机动进给，另一个方向采用手动进给相结合。

按划线法手动进给铣削曲线回转面,生产率低,加工质量不稳定,且要求操作者技术熟练,仅适用于单件、小批量生产,在成批、大量生产中则常用靠模铣削。

(2) 采用回转工作台铣削曲线回转面。

曲线外形由圆弧组成或由圆弧和直线组成的曲线回转面工件,在数量不多的情况下,大多采用回转工作台在立式铣床上加工,如图 5.9 所示。为了保证工件圆弧中心位置和圆弧半径尺寸,以及使圆弧面与相邻表面圆滑相切,铣削前应保证或确定以下几点:

a. 工件圆弧半径中心必须与回转工作台中心重合。

b. 正确地调整回转工作台与铣床主轴的中心距。

c. 确定工件圆弧面开始铣削时回转工作台的转角。

d. 如工件圆弧面的两端都与相邻表面相切,要确定圆弧面铣削过程中回转工作台应转过的角度。

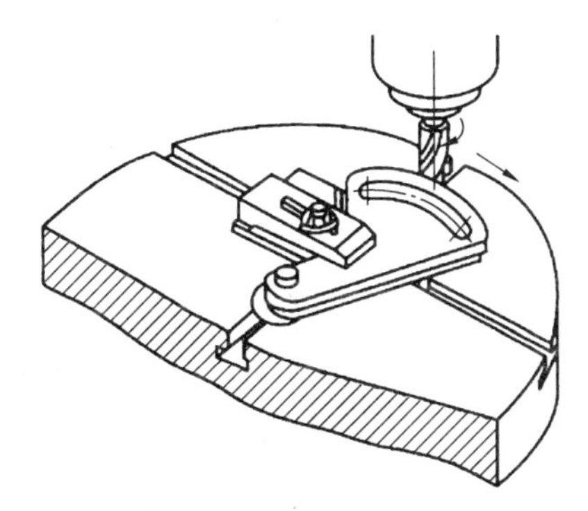

图 5.9　采用回转工作台铣削圆弧面

① 回转工作台中心与铣床主轴同轴度的校正。

安装回转工作台时,必须校正其中心与铣床主轴同轴,其目的是为了便于找正工件圆弧面和回转工作台的同轴度,也是精确地控制回转工作台与主轴轴线的中心距及确定工件圆弧面开始铣削位置的一个重要步骤。校正方法如下:

a. 顶尖校正法。

如图5.10(a) 所示,在回转工作台主轴孔内插入带有中心孔的校正心棒,在铣床主轴中装入顶尖,校正时回转工作台在铣床工作台上不固定,使顶尖对准校正心棒上的中心孔,利用两者内外锥面配合的定心作用,使铣床主轴与回转工作台中心同轴,然后再压紧回转工作台。这种方法操作简单,校正迅速,适用于一般精度要求的工件校正。

b. 环表校正法。

如图5.10(b) 所示,将百分表固定在铣床主轴上,使表的测量头与回转工作台中心部的圆柱孔表面保持一定的间隙,然后用手转动铣床主轴,根据间隙大小调整工作台。待间隙基本均匀后,再按表的测量头接触圆柱孔表面,然后根据百分表读数的差值调整工作台,直到符合规定要求。环表校正法精度高,适用于精度要求较高工件的校正。

校正回转工作台与铣床主轴轴线后,应在工作台纵向、横向进给手轮的刻度盘上做好标记,作为调整铣床主轴和回转工作台中心距的依据。

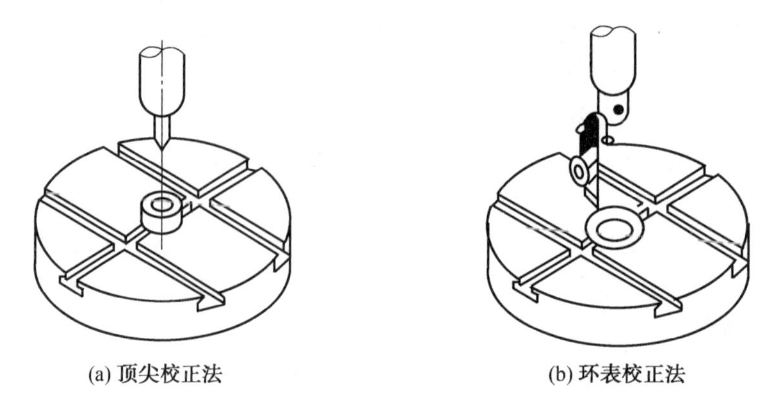

(a) 顶尖校正法　(b) 环表校正法

图 5.10　校正回转工作台与铣床主轴同轴

② 工件圆弧面中心与回转工作台中心同轴度的校正。

回转工作台与铣床主轴校正同轴后,即可装夹工件。工件在装夹前,应校正工件圆弧面中心与回转工作台中心同轴,这是保证工件圆弧面中心位置精度的基本要求,也是保证所加工的圆弧面能与相邻表面圆滑连接的重要环节。校正方法如下:

a. 按划线法校正。

将已划好线的工件放在回转工作台上,在铣床主轴中装夹顶尖,从回转工作台与铣床主轴已校正的同轴位置将工作台纵向或横向移动工件圆弧面半径的距离,然后转动回转工作台,调整工件位置,使顶尖尖端在工件上描出的轨迹与工件圆弧面重合,如图 5.11(a) 所示。也可以在铣刀上用润滑脂粘上大头针进行校正,如图 5.11(b) 所示。

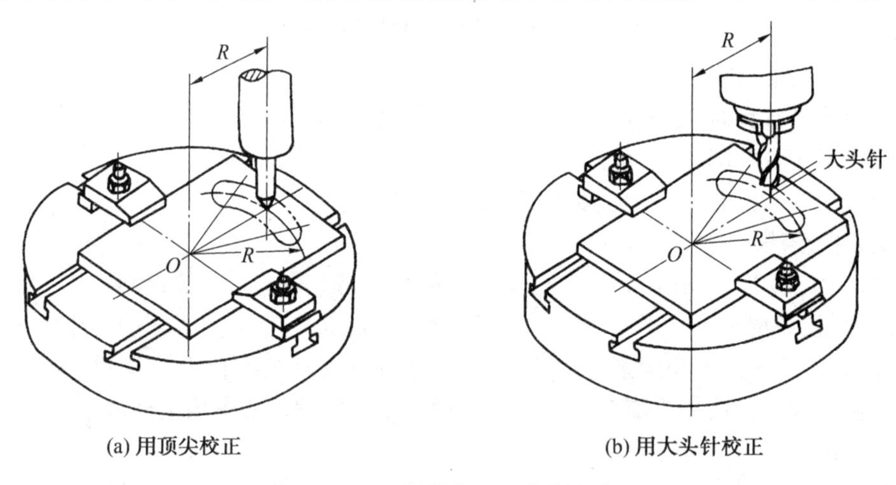

(a) 用顶尖校正　(b) 用大头针校正

图 5.11　按划线校正工件装夹位置

b. 按中心孔校正法。

如果工件上圆弧面以内孔为基准,只要将工件内孔校正到与回转工作台中心同轴即可。当工件数量较少时,可用环表法校正;工件数量较多时,可在回转工作台主轴孔中装上专用心轴进行定位。

③ 铣刀与回转工作台中心距的调整。

为了保证所铣得的圆弧面半径的准确,必须准确的调整铣刀与回转工作台的中心距,当铣削凸圆弧面时,中心距等于凸圆弧半径与铣刀半径之和;当铣削凹圆弧面时,中心距等于凹圆弧半径与铣刀半径之差。

④ 采用回转工作台铣削曲线回转面的注意要点。

a. 在校正过程中,工作台的移动方向和回转工作台的回转方向应与铣削时的进给方向一致,以便消除传动丝杠及蜗杆、蜗轮副的间隙影响。

b. 铣削时,铣床工作台及回转工作台的进给方向均需处于逆铣状态,以免发生“扎刀”现象及造成立铣刀折断。对于回转工作台来说,铣凸圆弧面时,回转工作台的转动方向应和铣刀旋转方向相同;铣凹圆弧面时,回转工作台的转动方向应和铣刀旋转方向相反。

c. 为保证轮廓表面各部分连接圆滑,以及便于操作,按下列次序进行铣削:

凡凸圆弧面与凹圆弧面相切的部分,应先铣削凹圆弧面;

凡凸圆弧面与凸圆弧面相切的部分,应先铣削半径较大的凸圆弧面;

凡凹圆弧面与凹圆弧面相切的部分,应先铣削半径较小的凹圆弧面;

直线与凹圆弧相切的部分,应先铣削凹圆弧再铣削直线;

直线与凸圆弧相切的部分,应先铣削直线后铣削凸圆弧。

(3) 按靠模铣削曲线回转面。

靠模铣削是将工件和靠模板一起装夹在夹具上(图 5. 12(a)) 或直接装夹在工作台上(图 5. 12(b)),使用手动进给使铣刀靠在靠模曲线型面上进行铣削的一种方法。靠模铣削可在立式铣床或仿形铣床上进行,除手动进给外,也可采用机动进给。

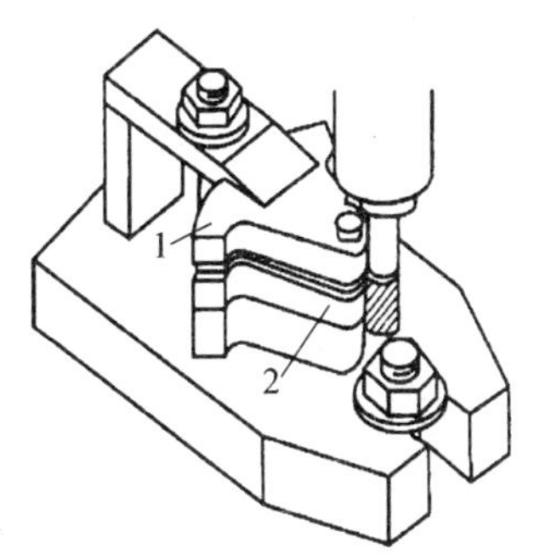

(a) 工件和靠模板一起装夹在夹具上

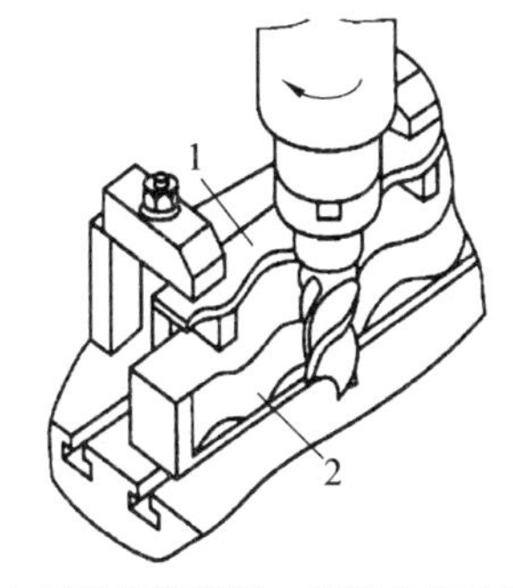

(b) 工件和靠模板一起装夹在工作台上

图 5. 12　按靠模手动进给铣曲线回转面

1— 靠模;2— 工件

按靠模铣削曲线回转面,不仅可以提高加工质量和生产效率,而且操作简单省力。

① 靠模:靠模(板) 是铣削的依据,为了获得准确的工件外形,靠模应有高的形状精度和尺寸精度。靠模型面的形状和尺寸与工件的形状和尺寸有相同及相似(扩大或缩小) 两种,靠模的型面必须具有较高的硬度以提高其耐磨性。靠模如果与工件贴合定位装夹,在贴合的部位必须具有一定的斜度,以免铣削时被铣刀铣坏靠模工作型面。

② 靠模铣刀:靠模铣刀是根据靠模的形式确定的,当靠模型面形状与工件形状相同时,靠模铣刀的柄部外圆与切削部分外圆的直径应相同,如图 5. 13(a) 所示,因此一般不

能借用标准立铣刀，而必须定做或改制。为了减少靠模的磨损，可在铣刀柄部套一衬套，如图5. 13(b) 所示。衬套一般用耐磨铸铁或青铜制成，内孔与铣刀柄部过盈配合，外径则与铣刀切削部分直径相同。

有时在铣刀柄部加装滚动轴承，以减少与靠模型面的摩擦，如图 5. 14 所示。此时，由于轴承外圆比铣刀切削部分直径大，靠模形状与工件形状不能相同，而要根据轴承外径和切削部分直径之差将靠模凸圆弧半径缩小、凹圆弧半径扩大。

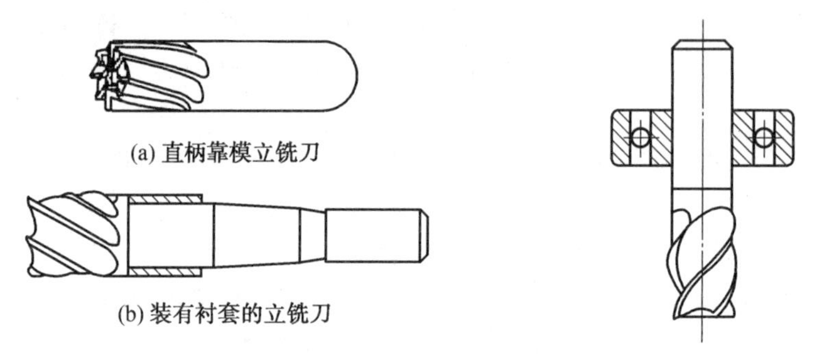

(a) 直柄靠模立铣刀

(b) 装有衬套的立铣刀

图 5. 13　靠模铣刀

图 5. 14　装有滚动轴承的立铣刀

③ 靠模铣削方法：铣削时，用双手同时操纵纵向和横向进给手轮，使靠模铣刀的柄部外圆沿着靠模板的型面做进给运动，即可将工件的曲线回转面铣出。粗铣时，铣刀的柄部外圆不与靠模板直接接触，而是保持一定的距离，以使精铣余量均匀；精铣时，双手配合均匀进给，铣刀与靠模之间接触压力适当、稳定，以保证获得圆滑、平整的加工表面。

由于铣削是依靠手动操纵来控制两个方向的进给的，铣刀柄部与靠模之间的接触压力大小完全由操作者凭感觉确定，不易稳定，而且铣刀伸出长度较长，刚性差，因此加工表面质量比较低。

2. 成形面的铣削

成形面是直素线较长的简单特形面，由于直素线较长，不能用立铣刀的圆周刃进行加工，而要使用成形铣刀在卧式铣床上进行加工，如图 5. 15 所示。

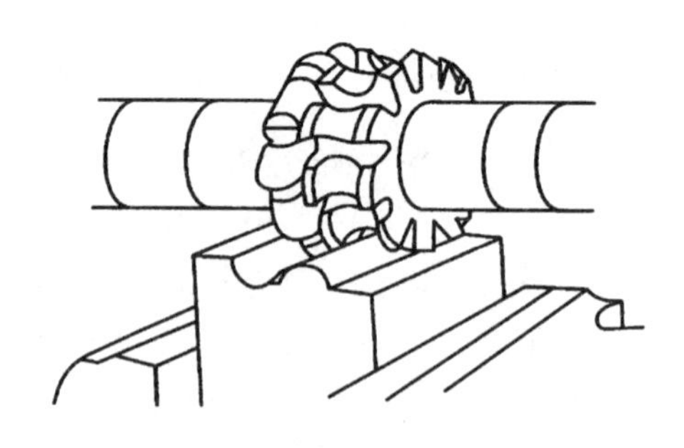

图 5. 15　使用成形铣刀铣削成形面

(1) 成形铣刀。

成形铣刀又称为特形铣刀，其切削刃截面形状与工件特形表面完全一样。成形铣刀分整体式和组合式两种。后者一般用于铣削较宽的特形表面。为了便于制造和节约贵重材料，大型的成形铣刀很多都做成镶齿的组合铣刀。

成形铣刀的刀齿一般都做成铲背齿形，以保证刃磨后的刀齿仍保持原有的截面形状。成形铣刀的前角大多为0°，刃磨时只磨刀齿的前面。

成形铣刀的切削性能较差，制造费用较高，使用时切削用量应适当降低，用钝后应及时刃磨，以减少刃磨量，提高铣刀的使用寿命。

（2）成形面的铣削方法。

先在工件的基准面上划出成形面的加工线，然后安装和校正夹具及工件，再按划线对刀进行粗铣和精铣。当工件加工余量很大时，可先用普通铣刀粗铣，铣去大部分余量后，再用成形铣刀精铣，以减少成形铣刀的磨损。成形面的铣削过程如图5.16所示。

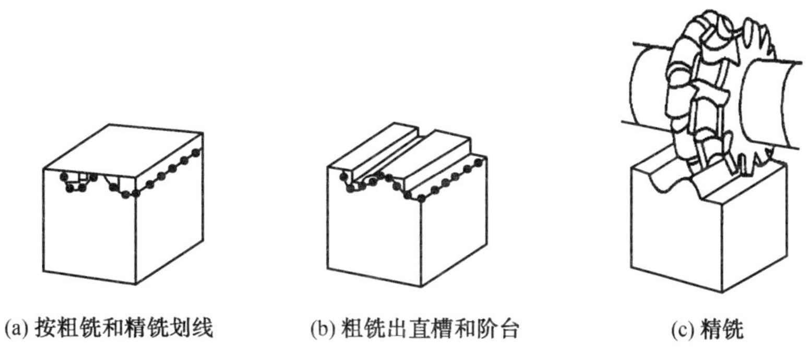

(a) 按粗铣和精铣划线　(b) 粗铣出直槽和阶台　(c) 精铣

图5.16　成形面的粗、精铣过程

成形面的加工质量由成形铣刀的精度来保证，检验一般采用样板（图5.17）进行，如图5.18所示。

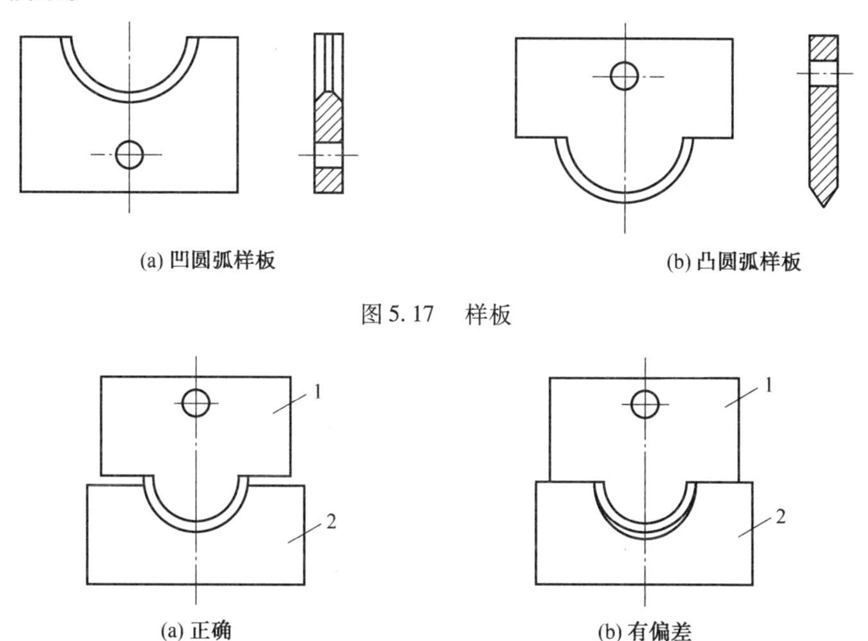

(a) 凹圆弧样板　(b) 凸圆弧样板

图5.17　样板

(a) 正确　(b) 有偏差

图5.18　用凸圆弧样板检验工件

1—凸圆弧样板；2—工件

Ⅱ. 工艺路线分析

1. 加工用刀具与切削用量的选择

连接叉加工选择的刀具主要有外圆车刀、麻花钻、丝锥、端铣刀、立铣刀和三面刃铣刀,具体选择见表 5.2。

表 5.2　连接叉加工选择的刀具　mm

序　号	刀具规格	
	类 型	材 料
1	90° 外圆车刀	硬质合金
2	ϕ 6.75、ϕ 8.5 麻花钻	高速钢
3	M 8 丝锥	高速钢
4	端铣刀	硬质合金刀片
5	ϕ 12 立铣刀	高速钢
6	三面刃铣刀	硬质合金

连接叉切削用量选择见表 5.3。

表 5.3　连接叉切削用量选择

序号	加工内容	切削深度 a_p/mm	进给量 f/(mm · min^{-1})	转速 n/(r · min^{-1})
1	铣四面	2	20	300
2	钻孔	4.25	—	300
3	铣圆弧	1	—	300
4	铣槽	1	—	300

2. 加工工艺规程的制定

连接叉的加工工艺规程见表 5.4。

表 5.4　连接叉的加工工艺规程

零件名称		材料	数量	毛坯种类	毛坯尺寸
连接叉		45 号钢	1	圆钢	ϕ 26 mm × 62 mm
工序	设备	装夹方式		加工内容	
1	C620	三爪自定心卡盘		车　车准 ϕ 16 × 20,M 8,ϕ 9,18 方车至 ϕ 25.5,总长车至 60	
2				划　划 18 × 18 四面线	
3	X5032	平口钳		铣　铣准 18 × 18 四面	
4				划　划 ϕ 8.5 孔线,R 9 圆弧线	
5	X5032	压板		铣　钻准 ϕ 8.5 孔,铣准 R 9 圆弧	
6				划　划 10 mm 槽线	
7	X6132	平口钳		铣　铣准 10 mm 槽	
8				钳　清理毛刺,锐边倒钝	

Ⅲ. 知识拓展

在铣床上铣削球面具有生产效率高、球面几何形状准确等特点,因此,机械零件上的球面大多采用铣削的工艺方法加工。

1. 球面铣削的展成原理

半圆曲线绕其直径回转一周所形成的曲面称为球面。

用一个平面截一个球,所得的截面图形是一个圆,如图 5.19 所示。截形圆的圆心 O_1 是球心 O 在截面上的投影,截形圆的半径 r 由球的半径 R 和球心到截面的距离的大小决定。

由图 5.19 可知:$r = \sqrt{R^2 - e^2}$

式中　r—— 截形圆的半径,mm;

　　R—— 球的半径,mm;

　　e—— 球心到截面的距离,mm。

球面铣削的展成原理:铣削时,只要铣刀回转时刀尖运动的轨迹圆与被加工球面的截形圆重合,同时使工件绕与铣刀回转轴线相交的自身轴线回转,就能加工出所需的球面。铣刀回转轴线与工件轴线的交点即为球心。

球面铣削的三个基本原则。

(1) 铣刀回转轴线必须通过球心,以使刀尖的回转运动轨迹与球面的某一截形圆重合。

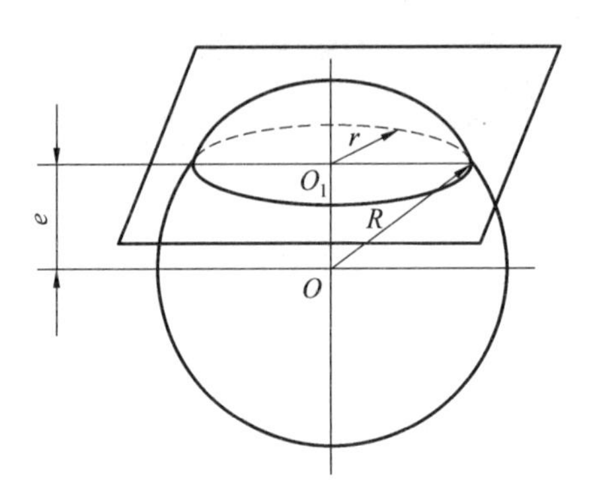

图 5.19　平面截球的截形面

(2) 以铣刀刀尖的回转半径及截形圆所在截平面到球心的距离确定球面的尺寸(球的半径)。

(3) 以铣刀回转轴线与球面工件轴线的交角确定球面的加工位置。

2. 外球面铣削

球面被截平面分割成两部分,称为球冠。两平行平面截球时,两截平面之间的球面部分称为球带(又称球台),如图 5.20 所示。

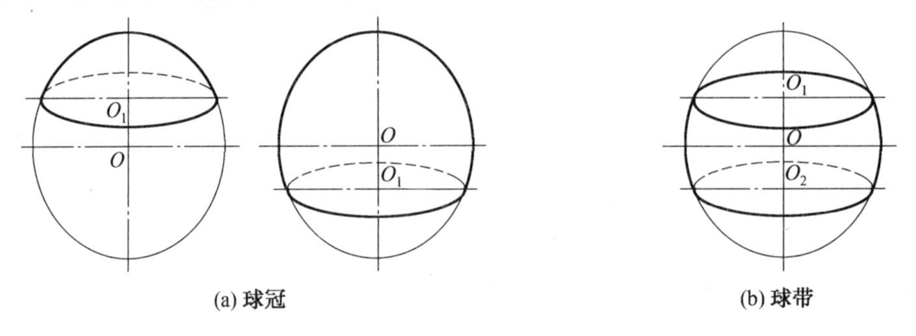

图 5.20　球冠和球带

外球面的铣削有带柄球面铣削、不带柄球冠面和球带面铣削及整球面铣削等。外球面铣削常用硬质合金铣刀盘在立式铣床或卧式铣床上加工,工件的回转运动通过回转工作台或分度头实现,如图 5.21 所示。

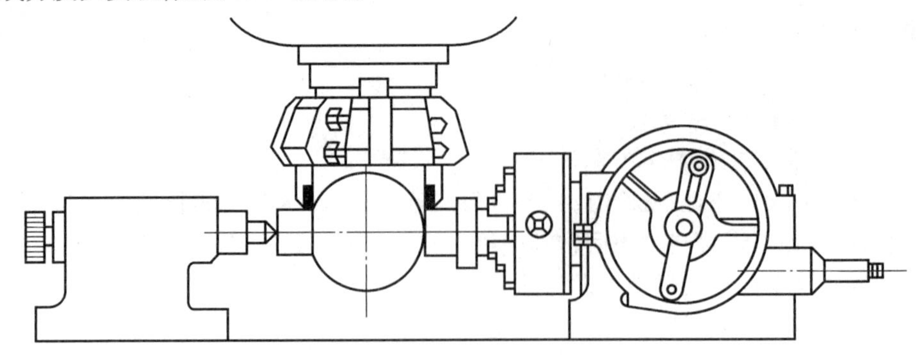

图 5.21　铣带球面的工件

(1) 等直径双柄外球面铣削。

铣刀盘轴线与工件回转轴线的交角等于90°,可在立式铣床或卧式铣床上加工。如图5.22所示为等直径双柄外球面铣削。

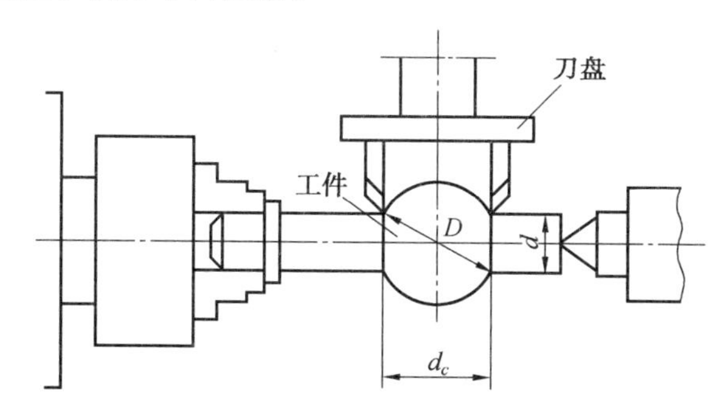

图5.22　等直径双柄外球面铣削

铣刀刀尖回转半径为

$$r_c = \frac{1}{2}d_c = \sqrt{R^2 - r^2} = \frac{1}{2}\sqrt{D^2 - d^2}$$

式中　r_c、d_c—— 铣刀刀尖回转半径、直径,mm;

R、D—— 球面半径、直径,mm;

r、d—— 与球面相接的柄部半径、直径,mm。

铣刀刀头从铣刀盘中伸出的长度应大于被加工球面的高度$(R-r)$。

(2) 单柄外球面铣削。

如图5.23所示为单柄外球面铣削。铣削时,铣刀盘轴线与工件回转轴线的交角不等于90°,因此,在立式铣床上铣削时,可以采取将立铣头主轴偏转一个角度a,或将工件轴线对工作台仰起一个角度α进行铣削。在卧式铣床上铣削时,则应将工件轴线水平偏转一个角度。

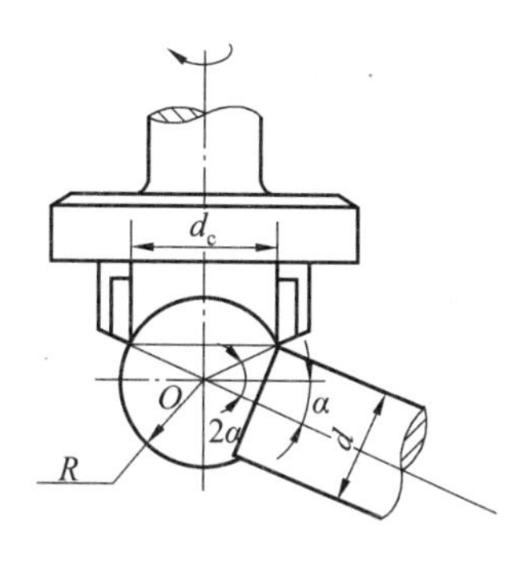

图5.23　单柄外球面铣削

立铣头倾斜或分度头主轴(工件轴线)仰起的角度。应满足

$$\sin 2\alpha = \frac{d}{2R}$$

$$\alpha = \frac{1}{2}\arcsin\frac{d}{2R}$$

铣刀刀尖回转半径为：

$$r_c = \frac{1}{2}d_c = R\cos \alpha$$

式中　α—— 立铣头或工件倾角,°；

d—— 与球面相接的柄部直径,mm；

R—— 球面半径,mm；

r_c、d_c—— 铣刀刀尖回转半径、直径,mm。

铣刀刀头从铣刀盘中伸出的长度应大于 $R(1 - \sin a)$。

(3) 球冠状球面铣削。

机器零件上的球冠状球面大多小于半球面,如图 5.24 所示。这类工件通常利用三爪自定心卡盘安装于回转工作台,采用立式铣床上加工。

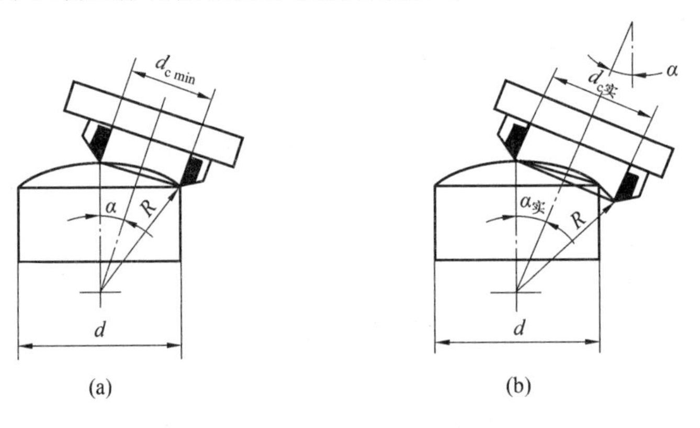

图 5.24　球冠状球面铣削

由图 5.24 可得

$$\alpha = \frac{1}{2}\arcsin \frac{d}{2R}$$

$$r_{c\,min} = \frac{1}{2}d_{c\,min} = R\sin a$$

铣削时,铣刀盘刀尖实际回转半径 $r_{c实}$ 应不小于 $r_{c\,min}$,并根据实测的 $r_{c实}$ 值,计算立铣头实际的偏转角为

$$\alpha_{实} = \arcsin \frac{r_{c实}}{R}$$

(4) 球带状球面铣削。

机器零件上的球带状球面,其球带的两截平面大多处在同一半球内。如图 5.25 所示。

这类工件通常装夹在回转工作台上,采用立式铣床上加工,工件轴线与回转工作台轴线重合,且垂直于机床工作台面。

由图 5.25 所得

$$r_{c\,min} = \frac{1}{2}d_{c\,min} = R\sin \frac{\theta_2 - \theta_1}{2}$$

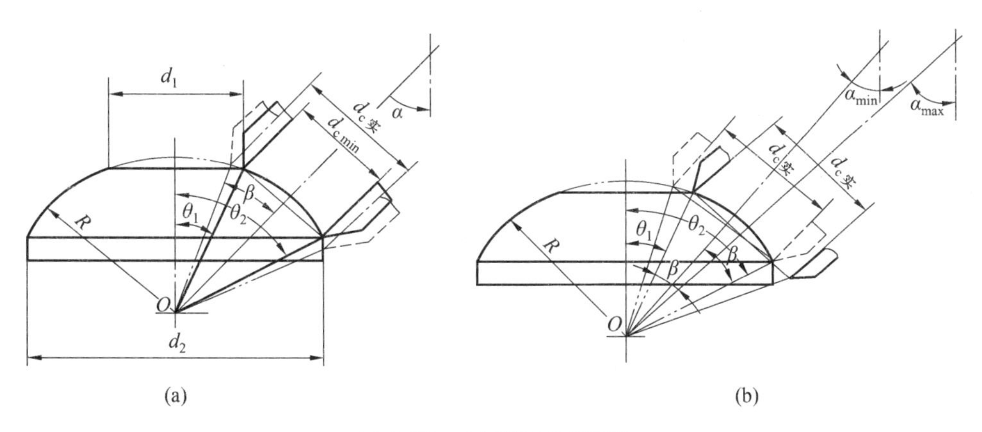

图 5.25　球带状球面铣削

$$\theta_1 = \arcsin\frac{d_1}{2R}$$

$$\theta_2 = \arcsin\frac{d_2}{2R}$$

式中　d_1、d_2—— 球带状球面两端截形圆直径，mm；

R—— 球面半径，mm。

确定铣刀盘刀尖实际回转半径$r_{c实}$时，可使$r_{c实}$略大于$r_{c\min}$，$r_{c实}$确定后，立铣头的偏转角 α 可在一定范围内选择。

3. 内球面铣削

内球面铣削主要有球冠状内球面铣削和球带状内球面铣削。

内球面的展成原理与加工外球面时相同。但内球面的加工相当于内孔加工，与外球面加工相比难度要大一些。

内球面常用立铣刀、镗刀在立式铣床上加工，球面半径大时可使用铣刀盘加工。

(1) 球冠状内球面铣削。

球冠状内球面使用镗刀进行铣削，通常在立式铣床上采用主轴（立铣头）倾斜的方法加工，如图 5.26 所示。对于小型工件，可安装在分度头上，使分度头主轴对铣床主轴偏转一个相应的角度进行加工，这种倾斜工件的加工法可在立式铣床或卧式铣床上进行，如图 5.27 所示。

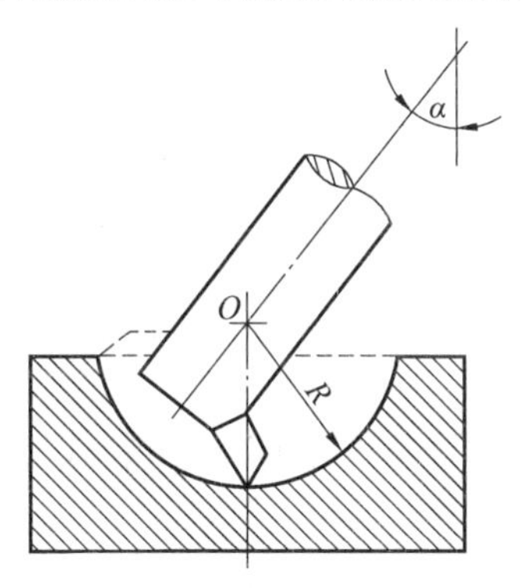

图 5.26　主轴倾斜法铣削球冠状内球面

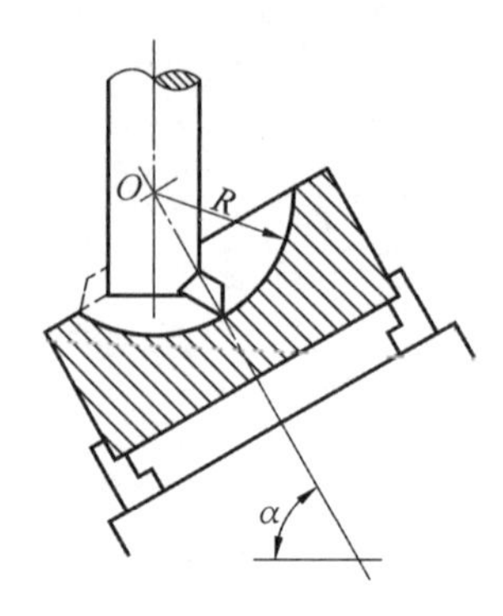

图 5.27　工件倾斜法铣削球冠状内球面

大多数球冠状内球面的球冠高度 H 小于其球半径 R，铣削加工时，内球面的端口对铣刀刀杆直径的限制较小；球冠高度 H 大于球半径 R 的内球面，由于球面端口变小，铣削时，刀杆直径将受到限制。

球冠高度 H 小于球半径 R 的小型球冠状内球面，除用镗刀铣削外，还可以使用立铣刀进行铣削，如图 5.28 所示。

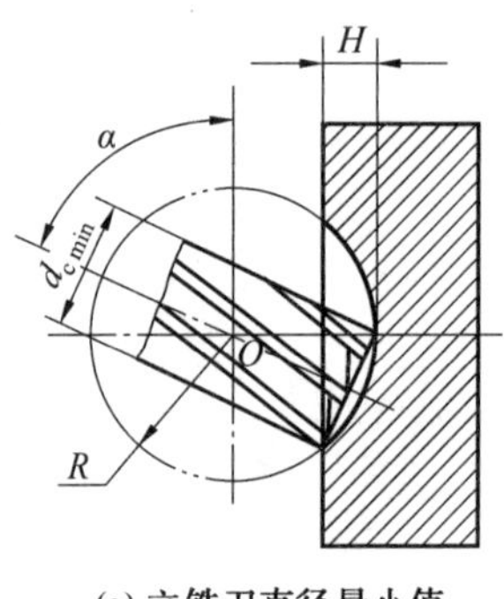

(a) 立铣刀直径最小值

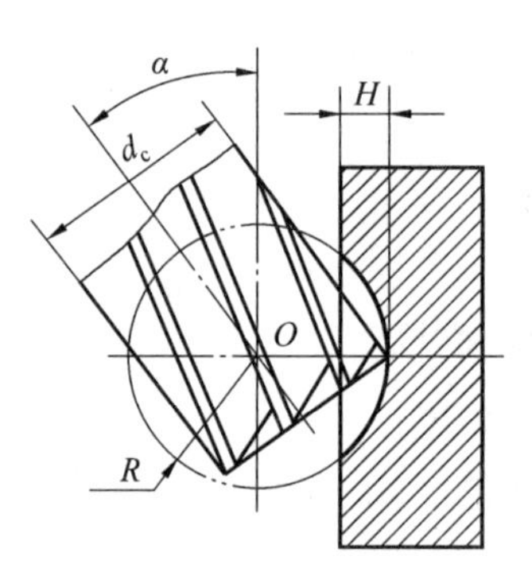

(b) 立铣刀直径中间值

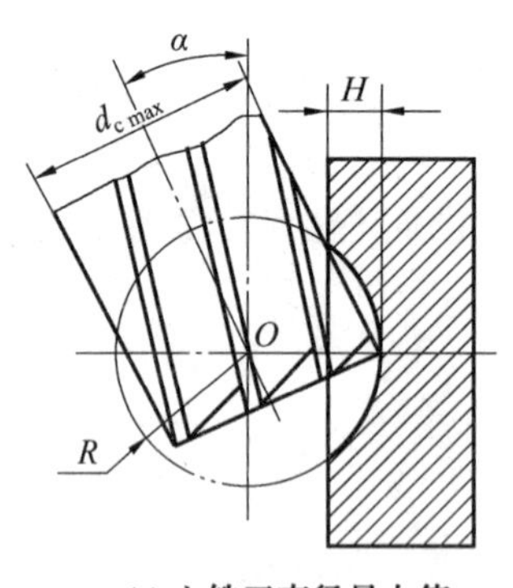

(c) 立铣刀直径最大值

图 5.28　使用立铣刀铣削球冠状内球面

（2）球带状内球面铣削。

球带状内球面的球带两截面一般在同一半球内，球带状内球面的铣削方法与铣削球带状外球面的方法基本相同。铣削时，常选择大的刀尖回转半径和小的立铣头偏转角，以免刀杆直径受工件的影响。

测　试　题

一、填空题

1. 在铣床上钻孔的方法主要有____________、____________和____________。

2. 标准麻花钻的顶角为____________度。

3. 钻孔时的切削深度一般为____________的一半。

4. 每转进给量f在钻削铸铁和有色金属时一般选取____________，在加工钢材时一般选取____________。

5. 成形铣刀分为____________和____________两种，大型的成形铣刀多采用____________。

二、问答题

1. 麻花钻如何进行刃磨？刃磨时要注意什么问题？

2. 铣床上钻孔的方法有哪些？

3. 按划线钻孔时，造成钻孔位置偏移的原因有哪些？如何防止位置偏置？

4. 什么是简单特形面？简单特形面中的曲线回转面(曲面）与成型面如何区分？它们在铣削方法上有什么不同?

5. 在立式铣床上加工曲线回转面的方法有哪些?

6. 采用回转工作台铣削曲线回转面应注意哪些要点?

7. 什么是靠模铣削？靠模铣削有什么特点?

8. 采用成形铣刀铣削成形面时要注意哪些问题?

三、实际操作题

1. 铣削如题图 5. 1 所示的零件。

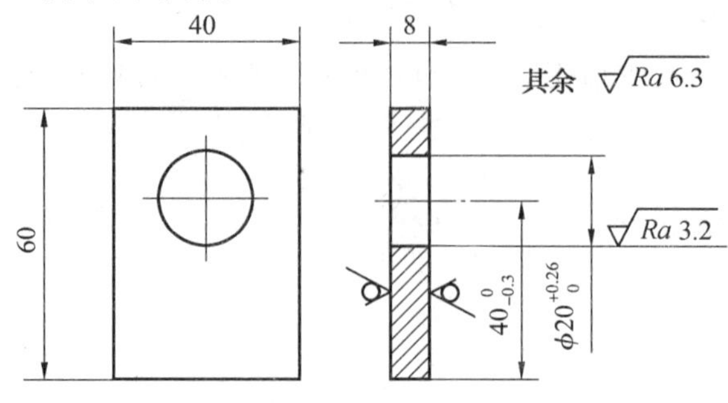

题图 5. 1

2. 铣削如题图 5. 2 所示的零件。

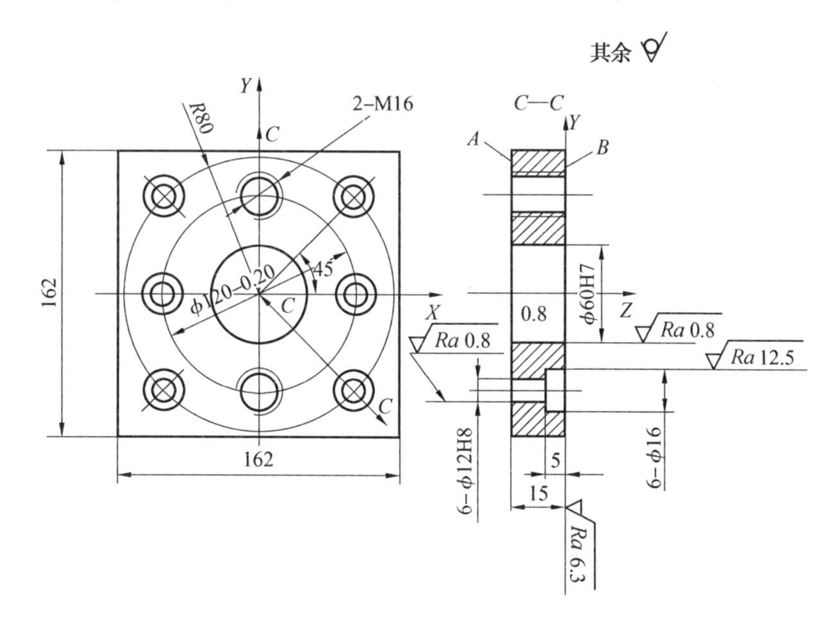

题图 5. 2

3. 铣削如题图 5. 3 所示的零件。

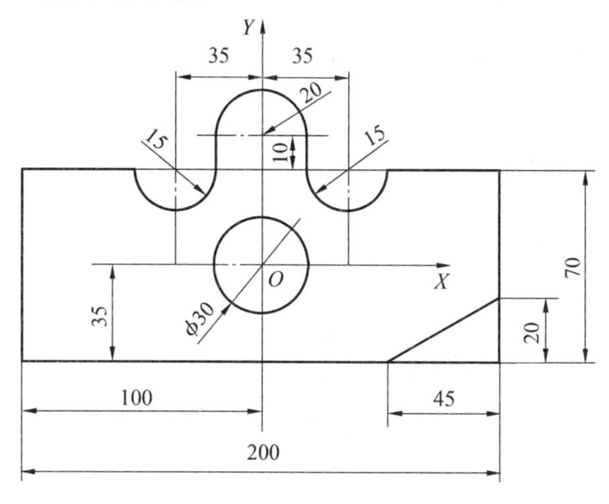

题图 5. 3

任务六　花兰螺母的加工

任　务　单

学习领域	普通机械加工 —— 铣削加工
任务描述	花兰螺母的加工(图 6.1)
学习目标	1. 熟悉万能分度头的结构与传动系统 2. 掌握万能分度头的分度方法 3. 了解回转工作台及其分度方法 4. 掌握车、铣复合零件加工工艺的制定
项目分析	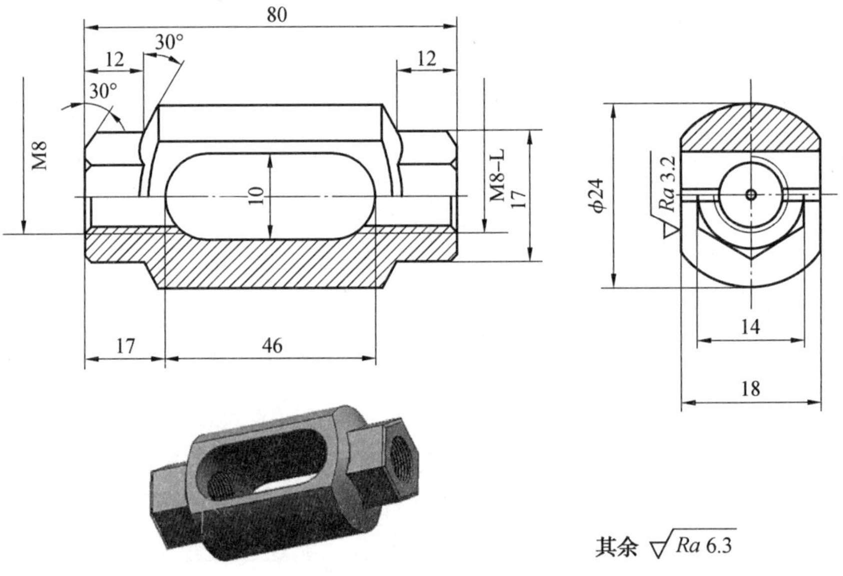 图 6.1　花兰螺母加工图样
图样分析	如图 6.1 所示,花兰螺母的两端是对称的六方,六方内是正、反扣对称的 M8 粗牙螺纹。在花兰螺母的中间开通槽,通槽与螺纹孔连通。本任务的加工需要车、铣两个工种配合完成
毛坯准备	采用棒料毛坯,尺寸为 ϕ 25 mm × 85 mm,毛坯材料为 45 号钢,退火状态

知识链接

Ⅰ.知识与技能

一、万能分度头的结构与传动系统

1.万能分度头的型号和功能

(1) 万能分度头的型号。

万能分度头的型号由大写的汉语拼音和数字两部分组成。例如 FW250,F 表示分度头,W 表示万能型,250 表示夹持工件最大直径为 250 mm。常用的万能分度头有 FW200、FW250 和 FW320 三种。

(2) 万能分度头的功能。

万能分度头是铣床的主要附件之一,许多零件如齿轮、离合器、花键轴及刀具开齿等在铣削时都需要利用分度头进行分度。其主要功能可以归纳为以下两点:

① 能将工件做任意的圆周等分或直线移距分度。

② 通过交换齿轮,可使分度头主轴随铣床工作台的纵向进给运动做连续旋转,以铣削螺旋面和等速凸轮的型面。

2.万能分度头的结构

万能分度头的结构如图 6.2 所示。

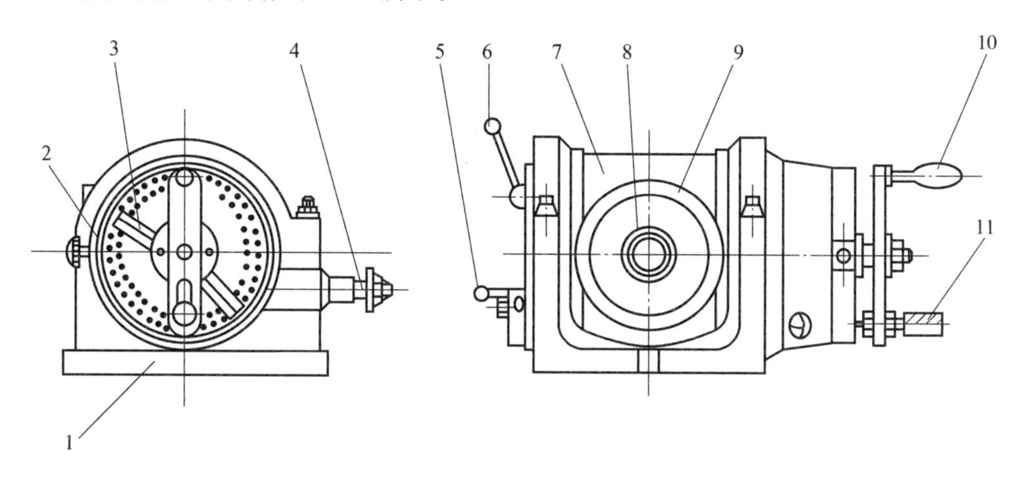

图 6.2　万能分度头的结构

1— 基座;2— 分度盘;3— 分度叉;4— 侧轴;5— 蜗杆脱落手柄;6— 主轴锁紧手柄;7— 回转体;8— 主轴;9— 刻度盘;10— 分度手柄;11— 定位插销

(1) 基座:基座是分度头的主体,分度头的大部分零件均装在基座上。基座底面槽内装有两块定位键,可与铣床工作台面上的 T 形槽相配合,以进行定位。

(2) 分度盘:分度盘套装在分度手柄轴上,盘上有若干圈在圆周上均布的定位孔,作为各种分度和定位的依据。分度盘配合分度手柄完成不是整转数的分度工作。分度盘右侧一般有一紧固螺钉,一般工作情况下分度盘由紧固螺钉固定;松开紧固螺钉,可使分度盘随分度手柄一起做微量的转动调整,或完成差动分度、螺旋面加工等。

(3) 分度叉:由两个叉脚组成,其开合角度的大小按分度手柄所需转过的孔距数予以调整并固定。分度叉的功用是防止分度差错和分度方便。

(4) 侧轴:用于与分度头主轴间或铣床工作台纵向丝杠间安装交换齿轮,进行差动分度或铣削螺旋面或直线移距分度。

(5) 蜗杆脱落手柄:用以脱开蜗杆与蜗轮的啮合,进行按刻度盘直接分度。

(6) 主轴锁紧手柄:通常用在分度后锁紧主轴,使铣削力不致直接作用在分度头的蜗杆、蜗轮上,减少铣削时的振动,保持分度头的分度精度。

(7) 回转体:安装分度头主轴等的壳体形零件,主轴随回转体可沿基座的环形导轨转动,使主轴轴线在 $-6° \sim 90°$ 的范围内做不同仰角的调整。

(8) 主轴:分度头的主轴是一空心轴,前后两端均为莫氏 4 号锥孔(FW250),前锥孔用来安装顶尖或锥度心轴,后锥孔安装挂轮轴,用以安装交换齿轮。主轴前端的外部有一段定位锥体,用来安装三爪自定心卡盘的法兰盘。

(9) 刻度盘:固定在主轴的前端,与主轴一起转动。其圆周面上有 $0° \sim 360°$ 的刻线,在直接分度时用来确定主轴转过的角度。

(10) 分度手柄:分度时使用,摇动分度手柄,主轴按一定转动比回转。

(11) 定位插销:在分度手柄的曲柄的一端,可沿曲柄做径向移动调整到所选孔数的孔圈周围,与分度叉配合进行分度。

3. 万能分度头的传动系统

万能分度头的传动系统如图 6.3 所示。

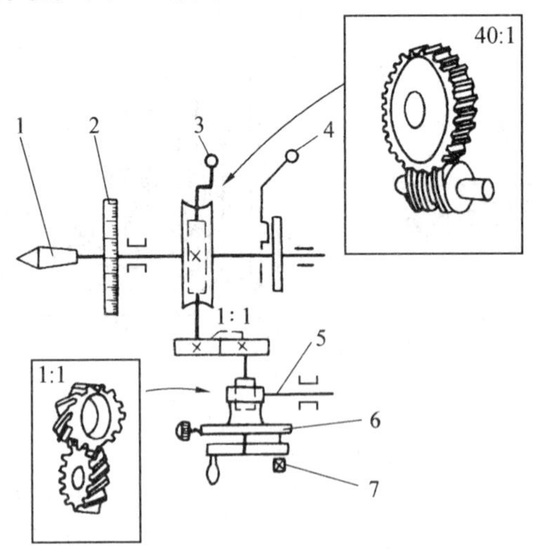

图 6.3　万能分度头的传动系统

1— 主轴;2— 刻度盘;3— 蜗杆脱开手柄;4— 主轴锁紧手柄;5— 侧轴;6— 分度孔盘;7— 定位插销

分度时,从分度盘定位孔中拔出定位插销,转动分度手柄,手柄轴一起转动,通过一对齿数相同即传动比 $i=1$ 的直尺圆柱齿轮,以及传动比为40∶1 的蜗杆蜗轮副,使分度头主轴带动工件转动实现分度。

此外,右侧的侧轴通过一对传动比为1∶1 的交错轴传动的斜齿圆柱齿轮与空套在手柄轴上的分度盘相连,当侧轴传动时,带动分度盘转动,用以进行差动分度或铣削螺旋面。

4. 万能分度头的附件及其功能

(1) 尾座:尾座又称尾架,配合分度头使用,装夹带中心孔的工件,如图 6.4 所示。转动手轮1 可使顶尖进退,以便装卸工件;松开紧固螺钉4 、5,用调整螺钉6 可调节顶尖升降或倾斜角度;定位键 7 使尾座顶尖轴线与分度头主轴轴线保持同轴。

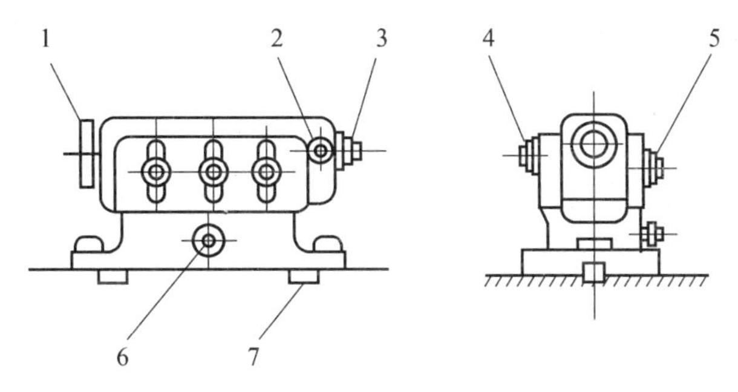

图 6.4　尾座

1— 手轮;2、4、5— 紧固螺钉;3— 顶尖;6— 调整螺钉;7 定位键

(2) 顶尖、拨叉、鸡心夹:用来装夹带中心孔的轴类零件,如图 6.5 所示。使用时,将顶尖装在分度头主轴前锥孔内,将拨叉装在分度头主轴前端端面上,然后用内六角圆柱头螺钉紧固。用鸡心夹将工件夹紧放在分度头与尾座两顶尖间,同时将鸡心夹的弯头放入拨叉的开口内,工件顶紧后,拧紧拨叉开口上的紧固螺钉,使拨叉与鸡心夹连接。

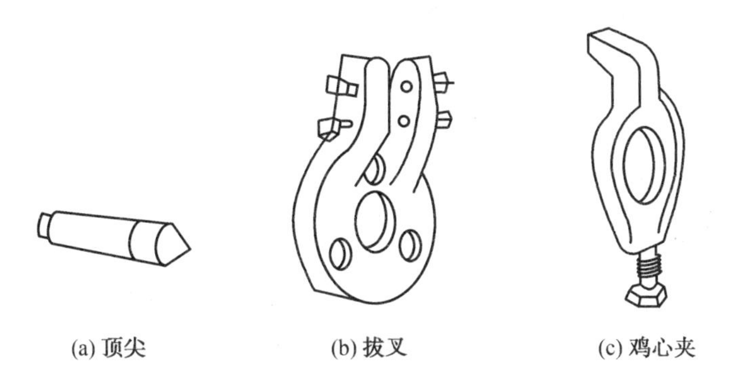

(a) 顶尖　(b) 拨叉　(c) 鸡心夹

图 6.5　顶尖、拨叉、鸡心夹

(3) 挂轮轴、挂轮架:用来安装挂轮,如图 6.6 所示。挂轮架 1 安装在分度头的侧轴上,挂轮轴套 3 用来安装挂轮,它的另一端安装在挂轮架的长槽内,调整好挂轮后紧固挂轮架上。支撑板 4 通过螺钉轴 5,安装在分度头基座后方的螺孔上,用来支撑挂轮架。锥度挂轮轴 6 安装在分度头主轴后锥孔内,另一端安装挂轮。

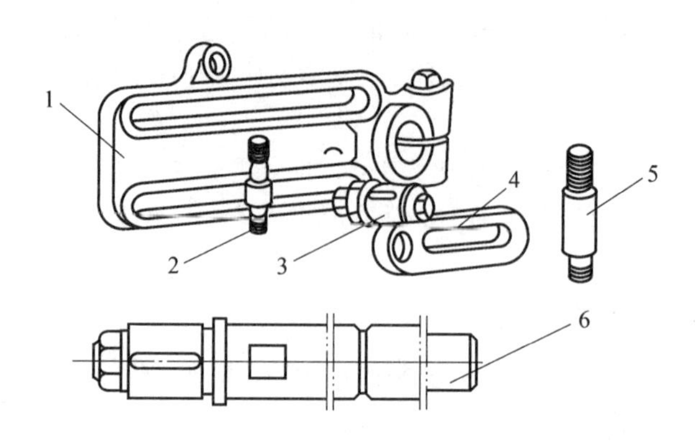

图 6.6　挂轮轴和挂轮架

1— 挂轮架;2— 螺钉轴;3— 挂轮轴套;4— 支撑板;5— 螺钉轴;6— 锥度挂轮轴

(4) 交换齿轮:交换齿轮即挂轮。FW250 型万能分度头配有交换齿轮 13 个,其齿数是 5 的整倍数,分别为:25(2 个)、30、35、40、45、50、55、60、70、80、90、100。

(5) 三爪自定心卡盘、法兰盘:通过法兰盘安装在分度头主轴上,用来夹持工件。

(6) 千斤顶:用来支持刚性较差易弯曲变形的工件,以增加工件的支持刚度,减少变形,如图 6.7 所示。使用时,松开紧固螺钉 4,转动螺母 2,使顶头 1 上下移动,当顶头的 V 形槽与工件接触稳固后,拧紧紧固螺钉。

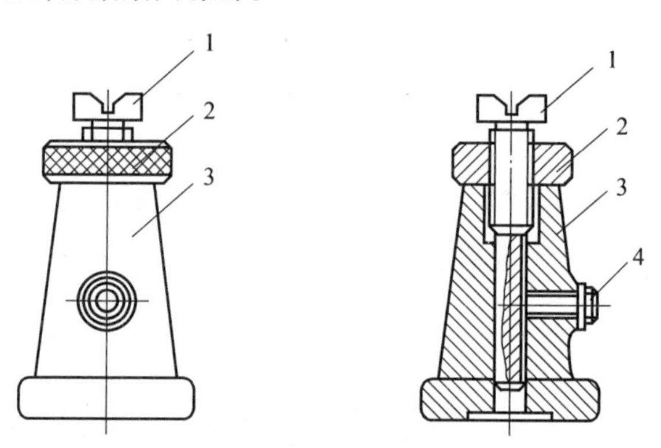

图 6.7　千斤顶

1— 顶头;2— 螺母;3— 千斤顶体;4— 紧固螺钉

5. 万能分度头及其附件装夹工件的方法

(1) 三爪自定心卡盘装夹工件:加工轴套类工件可直接采用三爪自定心卡盘装夹。使用百分表校正工件外圆,必要时在卡爪内垫铜皮,如图 6.8 所示。使用百分表校正端面时,可用铜皮锤轻轻敲击高点,使端面跳动符合规定要求。

(2) 两顶尖装夹工件:用于装夹两端有中心孔的工件。装夹工件前,应先校正分度头和尾座。校正时,取锥度心轴放入分度头主轴锥孔内,使用百分表校正心轴 a 点处跳动,如图 6.9 所示。符合要求后,再校正心轴 a 和 a' 点处的高度误差。校正方法是摇动工作台做纵向、横向移动,使百分表通过心轴的上素线,测出 a 和 a' 两点处的高度误差,调整分度头主轴角度,使 a 和 a' 两点高度一致,则分度头主轴上素线平行于工作台面。然后,校

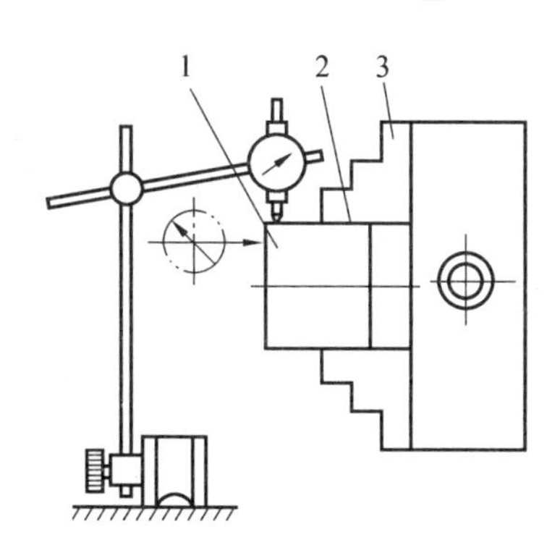

图 6.8　采用三爪卡盘装夹工件

1— 工件;2— 铜皮;3— 三爪自定心卡盘

正分度头主轴侧素线与工作台纵向进给方向平行,如图 6.10 所示。校正方法是将百分表触头置于心轴侧素线处并指向轴心,纵向移动工作台,测出百分表在 b 和 b' 两点处的读数差,调整分度头使这两点处读数一致。分度头此时校正完毕。

最后,顶上尾座顶尖检测,如不符合要求,则仅需校正尾座,使之符合要求,具体校正方法同校正分度头方法,如图 6.11 和图 6.12 所示。

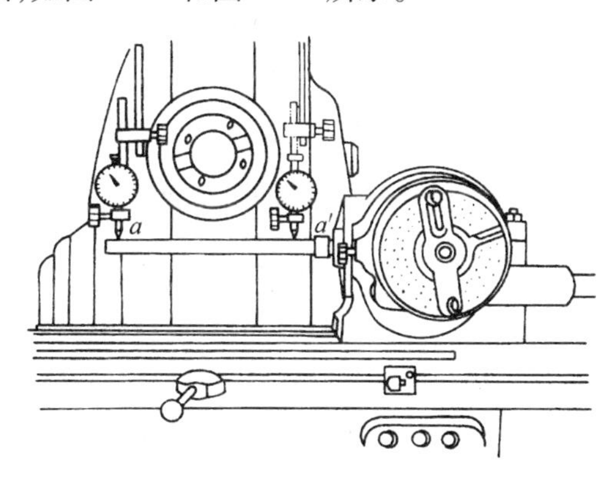

图 6.9　校正分度头主轴上素线

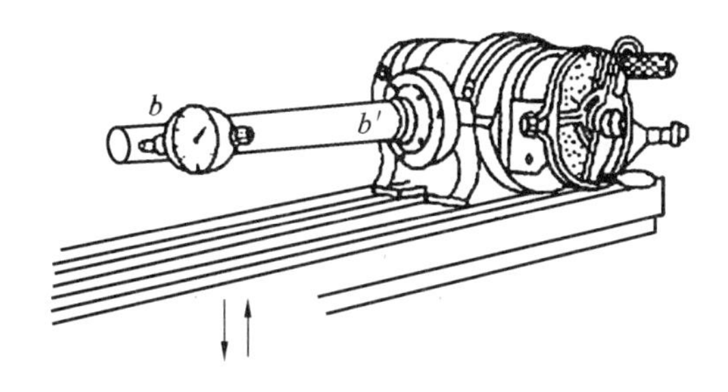

图 6.10　校正分度头主轴侧素线

(3) 一夹一顶装夹工件:用于装夹较长的轴类工件。装夹工件前,应先校正分度头和尾座,如图 6.13 所示。

(4) 心轴装夹工件:用于装夹套类工件。心轴有锥心轴和圆柱心轴两种。装夹前应先校正心轴轴线与分度头主轴轴线的同轴度,并校正心轴的上素线与侧素线。

图 6.11　校正尾座上素线

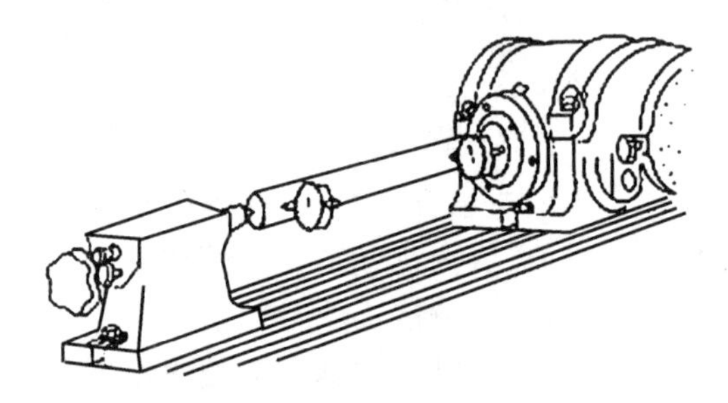

图 6.12　校正尾座侧素线

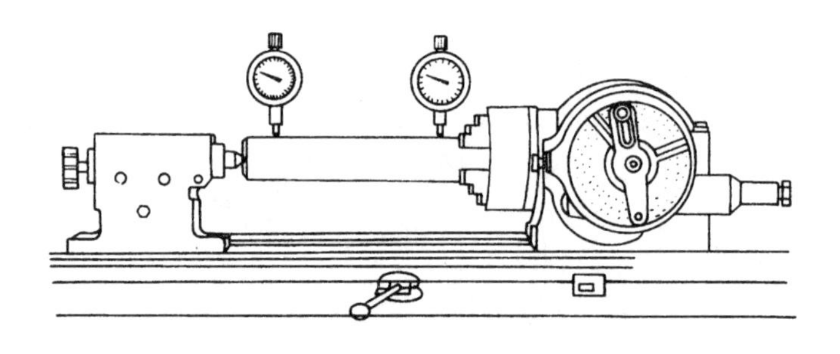

图 6.13　一夹一顶装夹工件的校正

6. 万能分度头的正确使用和维护

(1) 分度头蜗杆和蜗轮的啮合间隙不得随意调整,以免间隙过大影响分度精度,间隙过小增加磨损。

(2) 在拆装和搬运过程中,要保护好主轴和锥孔以及基座底面,以免损坏。

(3) 在分度头上夹持工件时,最好先锁紧分度头主轴,切忌使用套管在扳手上施力。

(4) 分度前先松开主轴锁紧手柄,分度后紧固分度头主轴;铣削螺旋槽时主轴锁紧手柄应松开。

(5) 分度时,分度定位插销应缓慢插入分度盘的孔内,切勿突然将定位插销插入孔内,以免损坏分度盘的孔眼和定位插销。

(6) 分度头各部分应按说明书规定定期加油润滑,分度头存放时应涂防锈油。

二、万能分度头分度方法

1. 简单分度法

使工件转过一定角度，从一个加工面转换到另一个加工面的过程称为分度。简单分度法，就是直接利用分度盘上的多圈等分孔进行分度的方法。两块分度盘的正反面都有很多圈精确等分的定位孔，以 FW250 型分度头为例，其分度盘上的定位孔数为：

第一块正面：24、25、28、30、34、37；

反面：38、39、41、42、43。

第二块正面：46、47、49、51、53、54；

反面：57、58、59、62、66。

分度手柄转数与主轴转数之比称为分度头定数。FW250 型分度头的定数为 40（也就是图 6.3 中的蜗轮、蜗杆的传动比为 1∶40），则分度手柄转一圈，主轴转过 1/40 圈。若要进行 z 等分，欲使主轴转过 $1/z$ 圈，则分度头手柄应转 n 圈：$n = 40/z$ 圈。显然，若 $z = 2$、4、5、8、10、20、40，则 n 为整数，只要使手柄转动 n 圈就可完成简单分度。当 n 不是整数时，则要选用不同的分度盘进行分度。

①n 为真分数时，例如 $z = 65$ 时，则 $n = 40/65 = 8/13 = 24/39$，应选具有 39 个孔的分度盘面，使手柄沿 39 孔圈转过 24 个孔距，就使主轴（即工件）完成一次分度。

②n 为假分数时，例如 $z = 27$ 时，则 $n = 40/27 = 1 + 13/27 = 1 + 26/54$，应选用具有 54 个孔的分度盘面，使手柄转过 1 圈后再沿 54 孔圈转过 26 个孔距，即完成一次分度。

为使操作简便可靠，可用分度叉记录手柄转过整数圈后应转过的孔距数，分度叉间的孔数 = 应转过的孔数 + 1（第一个孔作为起点而不计入）。每次分度时，应先拔出定位销，摇动手柄转过整数圈后，再转动手柄使定位销从分度叉的斜面上滑入最后一个孔中，即完成一次分度。

例题　在 FW250 型万能分度头上铣削六角螺栓，分度盘上孔圈的孔数为 46、47、51、53、57、58、59、62、66，分析铣每一面时选择的孔圈以及分度手柄应转过多少转？

解　分度公式 $n = 40/z$

$$n = 40/6 = 6(4/6) = 6(44/66)$$

故可以选择 66 个孔的，转过 6 圈又 44 个孔。

2. 角度分度法

角度分度法是以工件所需转过的角度 θ 作为计算的依据。由于分度手柄转过 40 圈，分度头主轴带动工件转过 1 圈，即 360°，所以分度手柄每转 1 圈，工件转过 9°。

故公式为

$$n = \theta/9$$

例题　在 FW250 型万能分度头上铣夹角 116° 的两个槽，求分度手柄应转过多少转？

解　分度公式 $n = \theta/9$

$$n = \theta/9 = 116/9 = 12(48/54)$$

故分度手柄转 12 圈又在分度盘孔数为 54 的孔圈上转过 48 个孔距。

三、回转工作台及工作台分度

1. 回转工作台

回转工作台是铣床的主要附件。根据其回转轴线的方向分成卧轴式和立轴式两种，铣床上常用的是立轴式回转工作台；按对其施力方式不同分成手动进给和机动进给两种，如图6.14 和图6.15 所示。手动进给回转工作台只能手动进给，机动进给回转工作台可以机动也可以手动进给。机动进给回转工作台的结构与手动进给是基本相同的，其主要差别是它的传动轴 4 可通过万向联轴器与铣床传动装置连接，实现机动回转进给，离合器手柄 3 可改变圆工作台 1 的回转方向和停止圆工作台的机动进给。

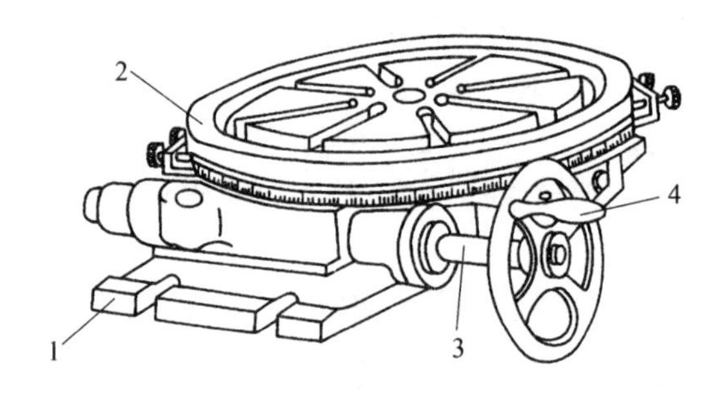

图 6.14　手动进给回转工作台

1— 底座；2— 圆工作台；3— 蜗杆轴；4— 手柄

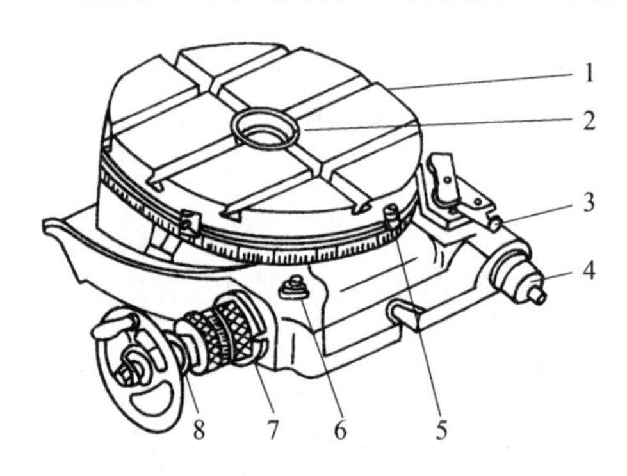

图 6.15　机动进给回转工作台

1— 圆工作台；2— 锥孔；3— 离合器手柄；4— 传动轴；5— 挡铁；6— 螺母；7— 偏心环；8— 手轮

回转工作台的规格以圆工作台的外径表示，有 160、200、250、320、400、500、630、800、1 000 mm 等规格，常用规格有 250、320、400、500 mm 等四种。回转工作台的蜗杆、蜗轮副的传动比，常用60∶1、90∶1 和120∶1 三种，回转工作台转1 圈，圆工作台相应地转过1/60 圈、1/90 圈和 1/120 圈，所以回转工作台的定数有 60、90 和 120 三种。

回转工作台主要用于中、小型工件的圆周分度和做圆周进给铣削回转曲面，如铣削工件上圆弧形周边、圆弧形槽、多边形工件和有分度要求的槽或孔等。

2. 回转工作台分度方法

(1) 回转工作台分度原理。

回转工作台分度原理与万能分度头相同。回转工作台可配带分度盘,在蜗杆轴上套装分度盘和分度叉,转动带有定位插销的分度手柄,则蜗杆轴转动并带动蜗轮和工作台回转,达到分度目的。

与万能分度头不同的是在回转工作台上只能做简单分度或角度分度,不能进行差动分度。此外,回转工作台的定数不是40。

(2) 回转工作台分度计算。

根据回转工作台三种不同的定数和手柄与圆工作台转数间的关系,与万能分度头的简单分度法同理,可导出回转工作台简单分度的计算公式为

$$n = 60/z$$

$$n = 90/z$$

$$n = 120/z$$

其中,60、90、120 为对应回转工作台的定数。

例题

已知工件的圆周等分数为 14,求在定数为 90 的回转工作台上的简单分度计算。

解　分度公式 $n = 90/z$

$$n = 90/z = 90/14 = 6(18/42)$$

故分度手柄转 6 圈又在分度盘孔数为 42 的孔圈上转过 18 个孔距。

Ⅱ. 工艺路线分析

1. 加工用刀具与切削用量的选择

花兰螺母加工选择的刀具主要有外圆车刀,麻花钻,立铣刀,键槽铣刀,正、反扣丝锥等。具体选择见表 6.1。

表 6.1　花兰螺母加工选择的刀具

序　　号	刀具规格	
	类 型	材 料
1	90° 外圆车刀	硬质合金
2	ϕ 6.8 麻花钻	高速钢
3	ϕ 12 立铣刀	高速钢
4	ϕ 10 键槽铣刀	高速钢
5	M 8 正、反扣丝锥	高速钢

花兰螺母加工切削用量选择见表 6.2。

表 6.2　花兰螺母加工切削用量选择

序号	加工内容	切削深度 a_p/mm	进给量 $f/(\mathrm{mm \cdot min^{-1}})$	转速 $n/(\mathrm{r \cdot min^{-1}})$
1	铣六方	2	—	300
2	铣通槽	1	—	300

2. 加工工艺规程的制定

花兰螺母的加工工艺规程见表 6.3。

表 6.3　花兰螺母的加工工艺规程

<table>
<tr><td colspan="2">零件名称</td><td>材料</td><td>数量</td><td>毛坯种类</td><td>毛坯尺寸</td></tr>
<tr><td colspan="2">花兰螺母</td><td>45 钢</td><td>1</td><td>圆 钢</td><td>ϕ 25 mm × 85 mm</td></tr>
<tr><td>工序</td><td>设备</td><td colspan="2">装夹方式</td><td colspan="2">加工内容</td></tr>
<tr><td>1</td><td>CA 6140</td><td colspan="2">三爪自定心卡盘</td><td colspan="2">车　车准 ϕ 24 mm × 80 mm，车准两端 ϕ 18 mm × 80 mm，总长车至 60 mm，钻两端孔</td></tr>
<tr><td>2</td><td>X 5032</td><td colspan="2">万能分度头 + 顶尖</td><td colspan="2">铣　铣准一端六方</td></tr>
<tr><td>3</td><td>X 5032</td><td colspan="2">压板 + 垫块</td><td colspan="2">铣　铣准另一端六方，铣准上下平面</td></tr>
<tr><td>4</td><td></td><td colspan="2"></td><td colspan="2">划　划 10 mm 通槽线</td></tr>
<tr><td>5</td><td>X 5032</td><td colspan="2">压板 + 垫块</td><td colspan="2">铣　铣准通槽</td></tr>
<tr><td>6</td><td></td><td colspan="2">虎钳</td><td colspan="2">钳　攻螺纹、清理毛刺</td></tr>
</table>

Ⅲ. 知识拓展

一、铣 V 形槽

1. V 形槽的技术要求

V 形槽广泛应用于机床夹具中，机床的导轨也有采用 V 形槽的结构形式。V 形槽两侧面间的夹角一般为 90° 或 60°，以夹角为 90° 的 V 形槽最为常用。

V 形槽的主要技术要求如下：

（1）V 形槽的中心平面应垂直于长方体的基准面。

（2）长方体的两侧面应对称于 V 形槽中心平面。

（3）V 形槽窄槽两侧应对称于 V 形槽中心平面。

2. V 形槽的铣削方法

（1）调整立铣头用立铣刀铣 V 形槽。

夹角大于或等于90°的V形槽,可在立式铣床上调转立铣头用立铣刀铣削,如图6.16所示。铣削前应先铣出窄槽,然后调转立铣头,用立铣刀铣削V形槽。铣完一侧V形面后,将工件松开调转180°后夹紧,再铣另一侧V形面。也可以将立铣头反向调转角度后铣另一侧V形面。

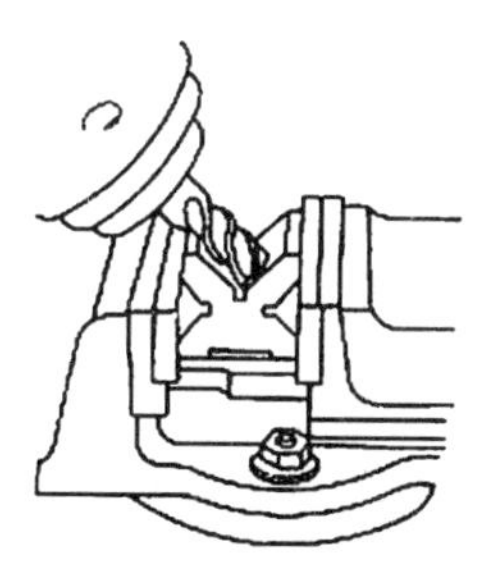

图6.16　调整立铣头用立铣刀铣V形槽

(2) 调整工件角度铣V形槽。

夹角大于90°、精度要求不高的V形槽,可按划线校正V形槽的一个侧面,使之与工作台台面平行装夹,铣完一侧后,重新校正装夹另外一侧继续加工,如图6.17所示。

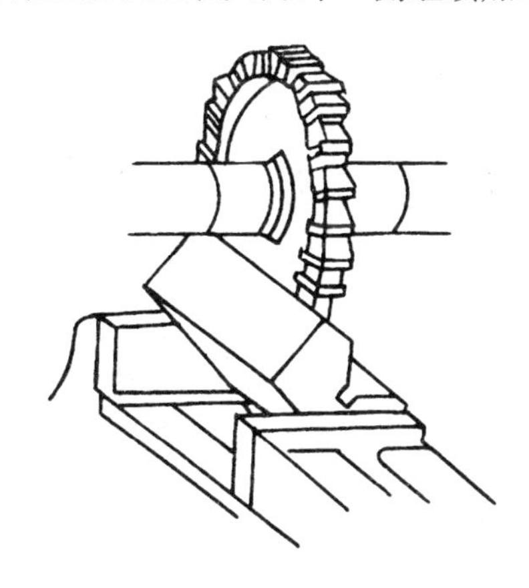

图6.17　调整工件角度铣V形槽

(3) 采用角度铣刀铣V形槽。

夹角小于或等于90°的V形槽,一般采用与其角度相同的角度铣刀在卧式铣床上铣削,铣削前应先用锯片铣刀铣出窄槽,夹具或工件的基准面应与工作台纵向进给方向平行,如图6.18所示。

二、铣T形槽

1. T形槽的技术要求

T形槽多见于机床工作台,用于与机床附件、夹具配套时定位和固定。T形槽目前已标准化。

T形槽由直槽和底槽组成,根据使用要求分基准槽和固定槽。基准槽的尺寸精度和形状、位置要求比固定槽高。

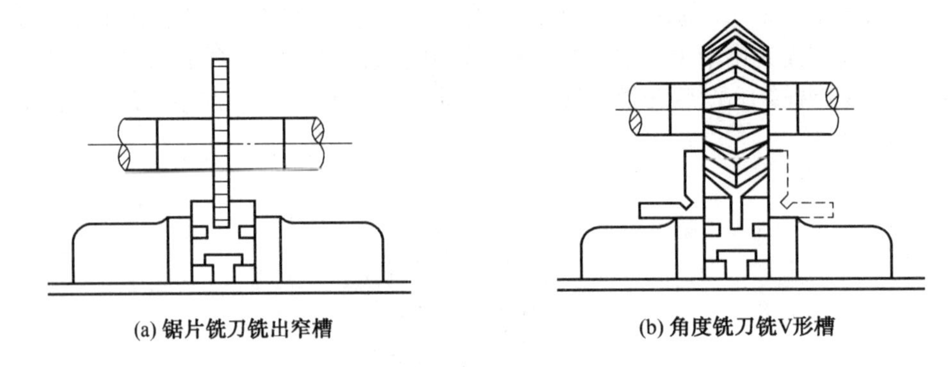
(a) 锯片铣刀铣出窄槽　　(b) 角度铣刀铣V形槽

图 6.18　采用角度铣刀铣 V 形槽

T 形槽的主要技术要求有：

(1) T 形槽直槽宽度尺寸精度：基准槽为 IT8 级，固定槽为 IT12 级。

(2) 基准槽的直槽两侧面应平行于工件的基准面。

(3) 底槽的两侧面应对称于直槽的中心平面。

2. T 形槽的铣削方法

一般 T 形槽的铣削先用三面刃铣刀或立铣刀铣出直槽，槽的深度留 1 mm 左右的余量，然后再在立式铣床上用 T 形槽铣刀铣出底槽，深度铣至要求尺寸，最后用角度铣刀在槽口倒角。T 形槽的铣削步骤如图 6.19 所示。

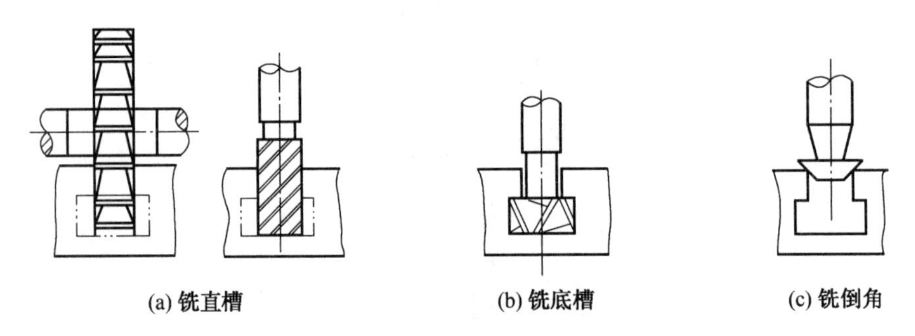
(a) 铣直槽　　(b) 铣底槽　　(c) 铣倒角

图 6.19　T 形槽的铣削

T 形槽铣刀应按直槽宽度尺寸选择。T 形槽铣刀的颈部直径尺寸即为 T 形槽的基本尺寸(直槽宽度)。

3. 铣 T 形槽的注意事项

(1)T 形槽铣刀铣削时，切削部分埋在工件内，切屑不易排出，容易把容屑槽填满而使铣刀失去切削能力，以致铣刀折断，因此应经常退刀，及时清除切屑。

(2)T 形槽铣刀铣削时，切削热因排屑不畅而不易散发，容易使铣刀产生退火而丧失切削能力，因而在铣削钢件时，应充分浇注切削液。

(3)T 形槽铣刀铣削时，切削条件差，所以应选用较小的进给量和较低的切削速度。

三、铣燕尾槽

1. 燕尾槽的技术要求

燕尾槽与燕尾是配合使用的。在机械设计制造中,常用燕尾结构作为直线运动的引导或紧固件,如燕尾导轨等,如图6.20所示。

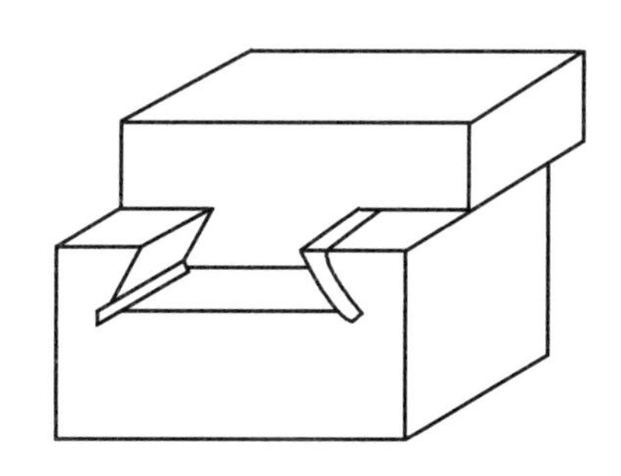

图6.20　燕尾槽与燕尾

燕尾结构的燕尾槽和燕尾之间有相对运动,因此,角度、宽度、深度应具有较高的精度要求,斜面的平面度要求较高,表面粗糙度值要小。燕尾的角度有45°、50°、55°、60°等多种,一般采用55°。

2. 燕尾槽和燕尾的铣削方法

燕尾槽和燕尾的铣削方法分两个步骤,先在立式铣床上使用立铣刀或端铣刀铣出直角槽或阶台,然后使用燕尾槽铣刀铣出燕尾槽或燕尾,如图6.21所示。

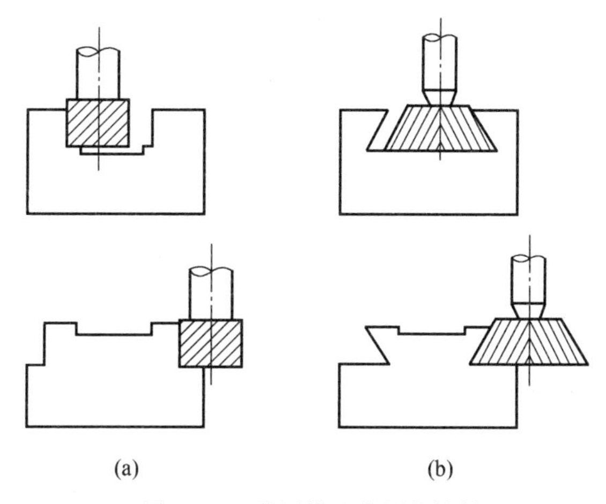

图6.21　燕尾槽和燕尾的铣削

3. 铣燕尾槽、燕尾的注意事项

(1) 燕尾槽铣刀刀尖处的切削性能和强度都很差,因此,铣削中转速不可过高,切削层深度、进给量不可过大,以减小切削力,同时要及时排屑,充分浇注切削液。

(2) 铣直槽时槽深可留0.5 ~ 1 mm的余量,在铣燕尾槽的同时铣好槽深,以使燕尾槽铣刀工作平稳。

(3) 铣燕尾槽时应分为粗铣、精铣两步进行,以提高燕尾斜面的表面质量。

测　试　题

一、填空题

1. 万能分度头的型号为 FW250，其中 250 表示____________________。

2. 万能分度头的定数是________，其分度手柄转过________圈，分度头主轴转过 1 圈。

3. 采用万能分度头装夹工件的方法有____________、____________、____________和____________。

4. V 形槽的铣削方法主要有____________、____________和____________。

5. 燕尾槽中燕尾的角度一般采用________。

二、问答题

1. 万能分度头的主要功能有哪些？

2. 采用万能分度头及附件装夹工件的方法有哪些？各适用于哪类工件的装夹？

3. 什么叫分度头的定数？常用分度头的定数是多少？

4. 简述 T 形槽的铣削工艺。

5. V 形槽的铣削方法有哪些？

6. 简述铣 T 形槽时容易出现的问题和注意事项。

三、实际操作题

1. 铣削如题图 6.1 所示的零件。

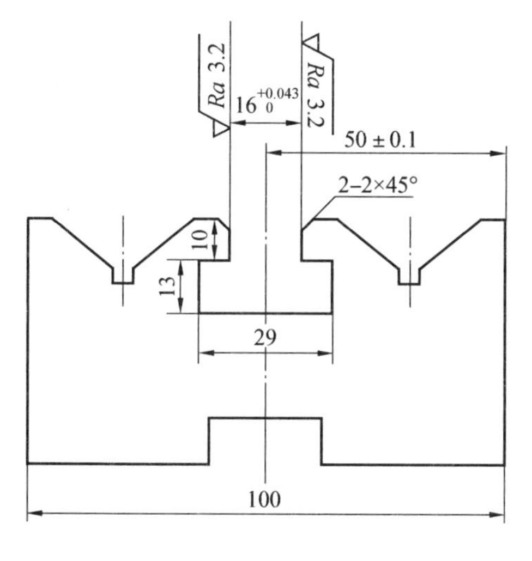

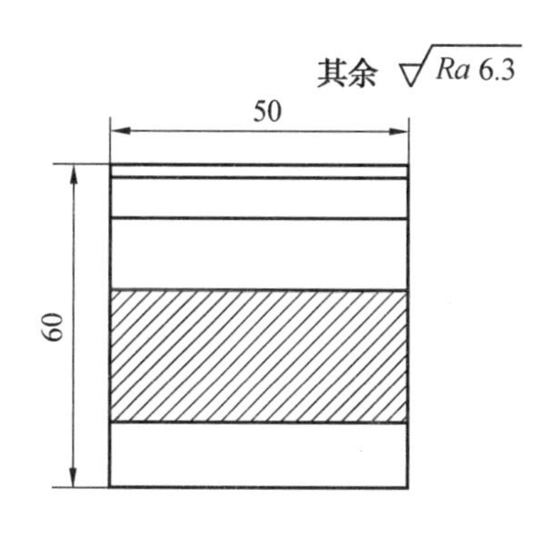

题图 6.1

2. 铣削如题图 6. 2 所示的零件。

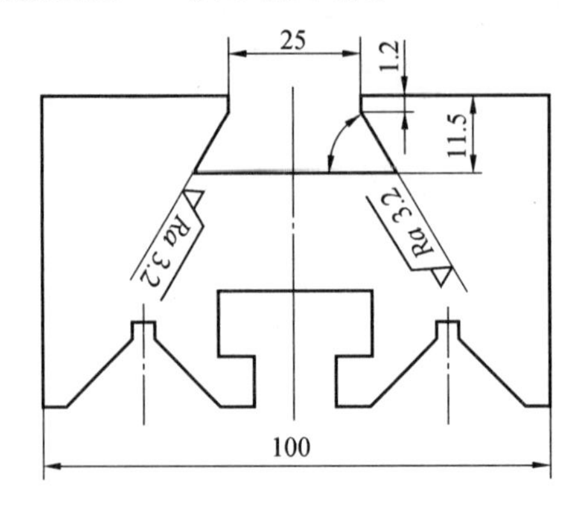

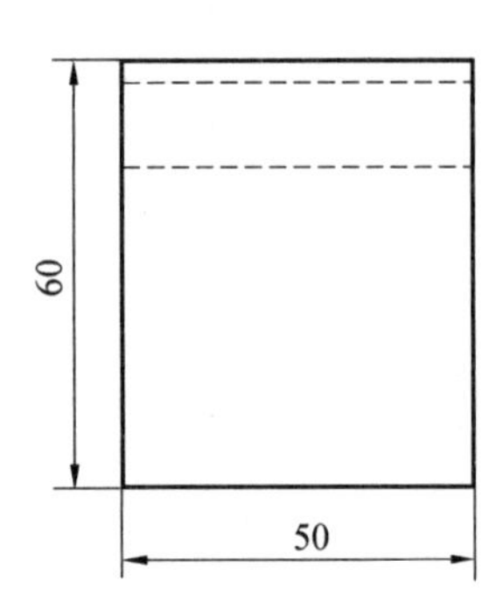

题图 6. 2

3. 铣削如题图 6. 3 所示的零件。

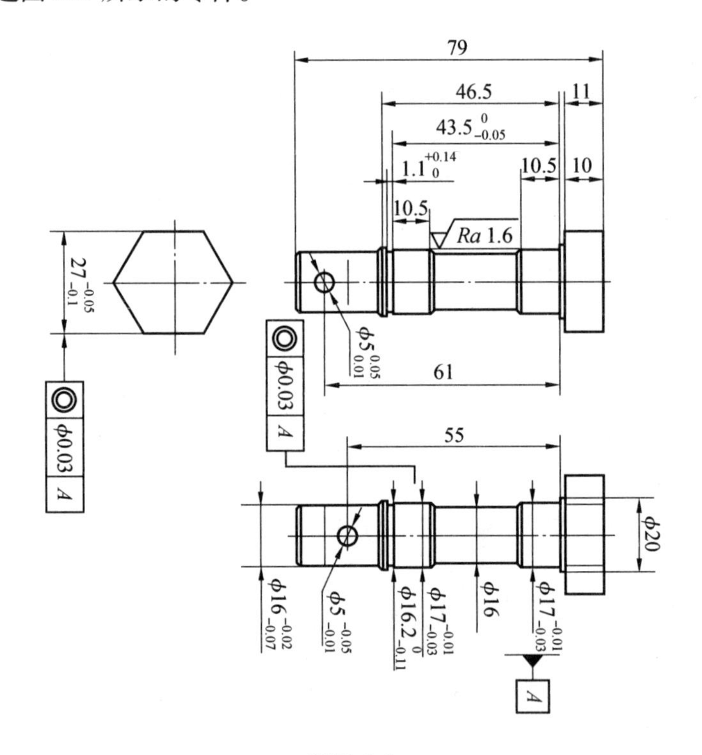

题图 6. 3

参 考 文 献

[1]劳动和社会保障部教材编写组. 车工工艺与技能训练[M]. 北京:中国劳动社会保障出版社,2001.

[2]劳动和社会保障部教材编写组. 铣工工艺与技能训练[M]. 北京:中国劳动社会保障出版社,2007.

[3]王宏宇. 机械制造工艺基础[M]. 北京:化学工业出版社,2007.

[4]傅水根. 机械制造工艺基础[M]. 北京:清华大学出版社,2004.

[5]邓文英. 金属工艺学[M]. 北京:高等教育出版社,2000.

[6]黄开榜,张庆春,那海涛. 金属切削机床[M]. 2 版. 哈尔滨:哈尔滨工业大学出版社,2011.

[7]韩荣第,袭建军,王辉. 金属切削原理与刀具[M]. 4 版. 哈尔滨:哈尔滨工业大学出版社,2013.

[8]刘守勇. 机械制造工艺与机床夹具[M]. 北京:机械工业出版社,2018.

[9]赵焰平. 机械加工技术[M]. 北京:机械工业出版社,2017.

[10]奥利菲. 机械切削加工技术[M]. 长沙:长沙科学技术出版社,2016.